미생물이 질문하고 발효가 답하다

미생물이 질문하고 발효가 답하다

초 판 1쇄 인쇄일 2022년 1월 5일
개정판 1쇄 발행일 2022년 12월 19일

발 행 처 재단법인 사천시친환경미생물발효연구재단
기 획 기획행정팀
대표전화 055. 850. 1301
주 소 경상남도 사천시 용현면 진삼로 902-1
편집인쇄 책과나무

펴낸곳 도서출판 책과나무
출판등록 제2012-000376
주소 서울특별시 마포구 방울내로 79 이노빌딩 302호
대표전화 02.372.1537 팩스 02.372.1538
이메일 booknamu2007@naver.com
홈페이지 www.booknamu.com
ISBN 979-11-6752-225-2 (13590)

개정판

· 몸과 지구를 살리는 지혜로운 선택 ·

미생물이 질문하고 발효가 답하다

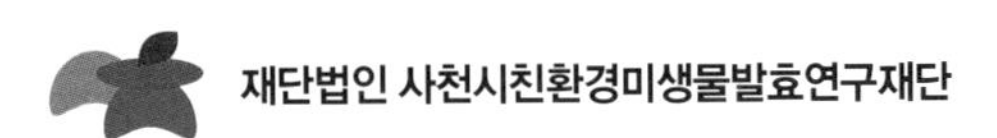

Prologue

미생물이 질문하고 발효가 답하다

이 책에는 발효과학의 위대함을 실었습니다. 집에서 만들어 먹을 수 있는 여러 가지 발효음식 레시피와 생활 속의 발효 문화를 담았습니다. 특히 우리 조상들이 물려준 고귀한 발효 문화를 재현하여 사천시친환경미생물발효연구재단에서 개발한 G4000 복합 미생물 종균(식품:G4000 프로바이오틱스, 농축산:G4000 바이오팜)을 발효음식은 물론 농업 · 축산 · 환경 등 일상에서 쉽게 활용할 수 있는 발효기술을 소개하며 발효 결과물을 손쉽게 재현할 수 있도록 레시피와 매뉴얼을 수록하였습니다.

어머니로부터 물려받은 손맛이 없어도 괜찮습니다. 백 년 묵은 종갓집의 씨간장이 없어도 가능합니다. 365일 메주를 만들어 때와 장소를 가리지 않고 누구나 쉽게 장을 담그고 수준 높은 발효음식을 만들 수 있습니다. 현장에서 시험하고 경험한 사실에 부합하는 오랜 노력과 '발효에 미친 사람들'의 땀이 담겨 있습니다. 무엇보다 패스트푸드에 익숙한 현대사회에서 조금이나마 미생물을 활용한 발효기술이 각 가정에 스며들도록 노력하였습니다.

우리 전통식품을 계승 · 발전시키고 발효식품이 전 세계의 K-푸드로 나아갔으면 하는 바람입니다. 젊은 세대들도 어머니의 손맛과 어깨를 나란히 할 수 있을 만큼의 발효음식을 만들어 낼 수 있는 실용 가치를 책에 담았습니다. 모쪼록 이 책으로 하여 발효가 우리 일상에 온전히 스며드는 첫걸음이 되길 기원합니다.

2022년

(재)사천시친환경미생물발효연구재단 드림

Contents

미생물이
질문하고
발효가
답하다

PROLOGUE
005

Part 1 미생물이 질문하고 발효가 답하다

게놈 프로젝트의 주제는 왜 미생물인가 014
생명의 근원, 미생물이 질문하다 018
마이크로바이옴(Microbiome) 022
김치, 세계인의 입맛에 다가가다 027
프로바이오틱스(Probiotics)가 뭐길래 033

Part 2 책만 보아도 할 수 있는 발효

내 나이 35억 년, 미생물 040
분해 생성의 마법사, 발효 043
생명의 불쏘시개, 효소 045
0.1%의 기적, G4000 프로바이오틱스 049
친환경 미생물농법, G4000 바이오팜 050
발효의 표준을 추구하는 G4000 다기능 발효기 051
세계인이 찾는 G4000 상표 로고 052

Part 3 내 손으로 만드는 발효식품

세계 최고의 양념 G4000 메주

작지만 쓰임이 있는 메주 이야기 057
간장·된장은 면역력(생명)이다 060

Recipe 1 가족과 함께하는 메주 만들기 062
Recipe 2 메주 띄우기 및 건조하기 064
Recipe 3 우리 가정의 양념, 장 담그기 066
Recipe 4 내 손으로 할 수 있다, 장 가르기 068

혈관 청소부, 청국장

Recipe 1 냄새 없는 청국장 076

내 몸을 해독(Detox)하는 동아

식품의 감초, 동아 이야기 081
Recipe 1 5분이면 만드는 동아 고추장 084

장아찌와 피클과의 동행

왜 피클 장아찌인가 088
Recipe 1 만능 피클 장아찌 육수 090
Recipe 2 가정의 필수품, 피클 장아찌 절임장 092

생명의 채소, 사천 풋마늘

Recipe 3 생명의 채소, 사천 풋마늘 피클 장아찌 096
Recipe 4 골다공증에 도움이 되는 깻잎 피클 장아찌 098
내 몸을 해독하는 매실 101
Recipe 5 내 몸을 해독하는 매실 피클 장아찌 103

틀림없이 맛있는 김치

Recipe 1 기억력 일깨우는 열무물김치 108
Recipe 2 얼갈이 젓국지 110
Recipe 3 비타민의 컨트롤타워, 배추김치 112

Recipe 4 깔끔 담백한 백김치 114
Recipe 5 성인병에 좋은 파김치 116
Recipe 6 아삭아삭 깍두기 118
Recipe 7 입맛 돋우는 풋마늘 고추장 무침 120

K-발효 소스, 맛과 품격을 더하다

Recipe 1 감칠맛 나는 맛간장 123
Recipe 2 만능 양념장 125
Recipe 3 만능 식재료 발효당 127
Recipe 4 맛과 영양이 담긴 쌈장 129
Recipe 5 매콤달콤한 초장 131
Recipe 6 신선 채소를 더욱 맛있게, 간장 드레싱 133

짜지 않은 젓갈로 변신

Recipe 1 감칠맛의 황제, 멸치젓갈 138
Recipe 2 밥도둑, 전어밤젓 140

맛에 건강을 더하다, 발효 음료

Recipe 1 G4000 요거트 145
Recipe 2 약이 되는 매실 발효 음료 147
Recipe 3 한국인의 전통 음료 식혜 149
천연 보약, 십전대보탕 151
Recipe 4 천연 종합비타민 발효 십전대보차 153

G4000 발효 커피의 탄생

Recipe 1 G4000 발효 커피를 맛있게 159

G4000 유산균 발효빵

Recipe 1 G4000 유산균 우리밀 발효빵 162

Recipe 2 G4000 유산균 쌀빵 164

Recipe 3 G4000 유산균 현미빵 166

Part 4 생활환경, 미생물로 극복한다

합성세제의 진실

Recipe 1 우리 가정을 쾌적하게 만드는 생활 발효액 174

Recipe 2 G4000 주방세제 176

Recipe 3 G4000 비누 178

Recipe 4 G4000 가루비누 180

G4000 발효액의 용도별 희석 농도 182

생활 곳곳, G4000의 선물

Part 5 미생물농법, 땅과 축산을 살린다

미생물농법의 필요성

땅을 되살려야 사람이 산다 193

관행농법의 한계, 미생물농법으로 다가가다 201

친환경 농자재

땅의 균형을 유지하는 미네랄 208

천연미네랄, 바닷물 농업 활용 212
미네랄의 원천, 풀빅산 214
친환경 살균제, 트윈옥사이드 215

우리 모두의 행복, 텃밭 가꾸기

텃밭 1·3·5·7·9 운동 224
식재료의 팔방미인 동아 재배 228
Recipe 1 토양의 복원, 농축산 발효액으로 해결하다 232
바다의 해적 불가사리, 천연비료로 다가가다 234
Recipe 2 불가사리·해파리, 천연비료로 태어나다 236

G4000 발효 톱밥 상토로 태어나다

Recipe 1 발효 톱밥 상토 활용 241

축산환경 개선이 진정한 복지의 초석이다

축산, 미생물 사용이 해결책이다 245
축산 악취, G4000 발효 톱밥으로 해결하다 247
Recipe 1 발효 톱밥 축사에 활용하기 249

EPILOGUE 251

부록
불꽃, 현장에서 피어나다 256
G4000 생활 및 농축산 발효액 용도별 희석 비율표 266
각종 과일 추출액 희석액 계산 방법 268
희석배수 계산표 269

미생물은 1,500만 년 전부터 생명체와 공생 관계를 유지하면서
우리에게 지속해서 질문을 던졌지만, 우리 인간은 그 질문에 답하지 못했습니다.
350년 전 현미경이 만들어지면서 눈에 보이지 않는 작은 생명체인
미생물의 존재가 세상에 알려졌고,
이로 인해 발효가 산업의 한 분야로 우뚝 서게 되었습니다.
이제 미생물이 던진 질문에 대한 답을 발효 결과물을 통해 찾아야 할 때입니다.

Part 1

미생물이 질문하고 발효가 답하다

게놈 프로젝트의 주제는 왜 미생물인가

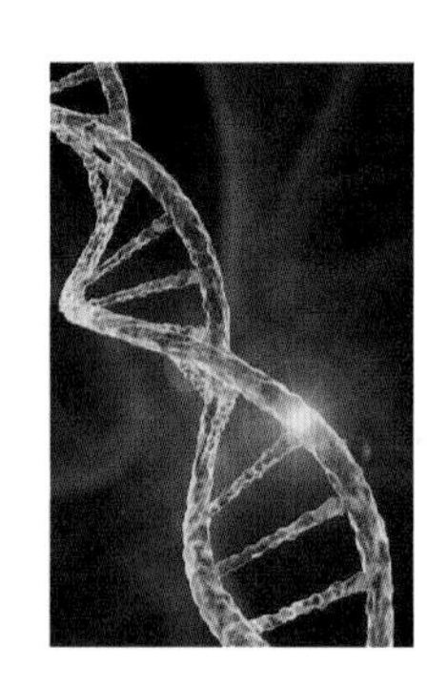

"인간 유전체 지도는 인류가 밝혀낸 가장 중요하고 경이로운 지도다. 오늘 우리는 신이 인간의 생명을 창조하면서 사용한 언어를 배우기 시작했다."

1990년에 시작된 인간 게놈 프로젝트(Human Genome Project). 30억 개에 달한다는 DNA 염기서열의 '초안' 완성을 선언하면서 당시 미국 대통령이던 빌 클린턴이 한 말입니다. 2003년 인간 게놈 프로젝트의 결과가 공개되자, 사람들은 충격을 받았습니다. 애초 인간은 타 동물보다 고등동물이라 30억 개 이상의 염기서열을 지니고 있을 것으로 예상했지만, 인간 유전자는 2만 개에 불과했고 단순한 생물인 파리나 꼬마선충과 별반 차이가 없었습니다. 물론 유전자 지도가 완성되면서 이후 신약이 개발되고 유전자 가위와 같은 기술도 나왔지만, 암이나 알츠하이머, 백혈병과 같은 질병의 극복은 아직도 요원합니다. 인간 게놈 프로젝트의 성과는 있었지만 기대가 높아서인지 과학자들은 실망을 금치 못했습니다.

그로부터 5년 후인 2008년, 미 국립보건원은 약 2천억 원을 투입해 세컨드 게놈 프로젝트(Second Genome Project)를 시작했습니다. 사람의 눈 · 코 · 입 · 질 등의 신체 부위에서 박테리아 바이러스를 채취해 분석하기 시작한 것입니다. 그리고 2012년 6월, 연구 결과가 공개되자 과학자들은 다시 한번 놀랐습니다. 지금까지 몇백 종에 불과할 것이라 예상했던 인체의 미생물 종류만 1,000여 종이 넘었고, 개수로 따지면 38조 마리 이상으로 인간 유전자의 150배에 달한 셈이며 무게로는 0.2㎏이나 되었습니다. 그리고 이 미생물들이 인간의 유전자와 세포에 직접적으로 관여하고 있다는 사실도 밝혀졌습니다.

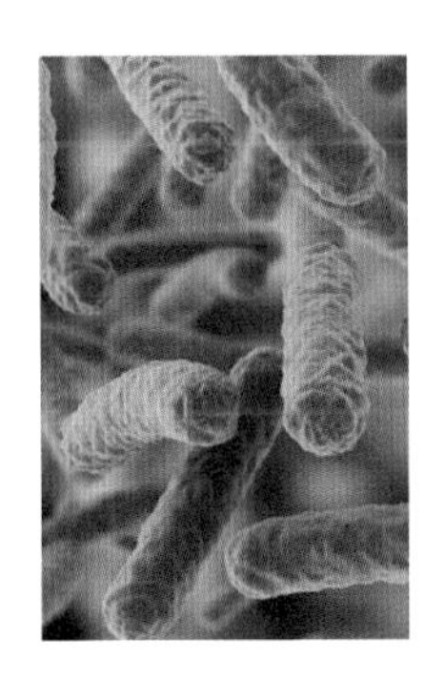

최근에는 미생물이 'microRNA'라는 작은 유전자 서열을 이용해 우리 신경 세포의 DNA를 바꾼다는 증거들도 발견되고 있고, 특정 미생물은 뇌 구조와 행동에까지 영향을 미친다는 연구도 있습니다. 일본 규슈대학 연구진은 미생물에 전혀 노출되지 않은 '무균(Germ-Free)' 쥐가 스트레스에 노출되었을 때 정상적인 쥐보다 두 배가량의 스트레스 호르몬을 분비했다고 밝혔습니다.

이후 아일랜드 코크(Cork)대학 ABC 미생물 연구팀은 우울증에 걸린 환자의 대변을 이용해 무균 쥐에 미생물을 투여했는데, 놀랍게도 쥐도 우울증에 걸리는 것을 확인하였습니다. 실험 전 설탕물에 탐닉하던 쥐가 갑자기 설탕물에 흥미를 잃어버리는 무쾌감증에 걸린 것으로, 이는 우울증의 대표적인 증상입니다.

캘리포니아 공과대학의 의료미생물학자인 사르키스 마즈마니안 교수는 파킨슨병 환자의 미생물을 쥐에 투여한 후 대조군과 비교한 결과, 미생물을 투여한 쥐의 예후가 훨씬 안 좋았다는 점을 발견했습니다. 이러한 연구 결과는 근대 의학의 검진 체계가 완전히 바뀌게 됨을 의미합니다. 머지않아 혈압과 혈액, 심전도 검사가 아닌 장내 미생물 검사가 필수 불가결한 검진 요소로 자리 잡게 될 것으로 전망합니다.

2017년 8월, 뉴욕타임스(NYT)는 "미국 하버드대가 지난 9일(현지 시각) 보스턴에 150명의 과학자를 극비리에 소집해 인간 DNA 전체를 합성하는 '제2 인간 게놈 프로젝트'를 논의했다."라고 보도했습니다. '제1 인간 게놈 프로젝트'가 DNA 염기서열을 지도로 만드는 것이었고 '세컨드 게놈 프로젝트'가 신체의 박테리아를 연구하는 것이었다면, 2차 프로젝트(HGP2)는 이들의 효모를 합성해 DNA의 역할을 규명하는 것이었습니다. 결국, 유전병 완전 치유를 위해선 미생물을 규명해야 한다는 말입니다.

인체 미생물 군집 프로젝트(HMP) 연구진은 1차 연구 결과를 기반으로 2차 연구에 돌입하였습니다. 이 연구는 인간의 질병과 건강에 관련된 미생물에 관한 연구로서 그동안 비만이나 아토피 등 개별적인 연구에서 나아가 인간 체내 미생물 유전자의 데이터베이스를 기반으로 미생물과 건강과의 연관성을 총체적으로 연구하겠다는 것이었습니다. 미생물이 상호 대응하며 만들어 내는 복잡한 '역할극'을 아는 순간, 신의 비밀이 열리는 셈입니다. 인체에 간직된 인간 유전자는 2만여 개인데, 미생물의 유전자는 330만 개로 미생물 속 모든 유전체를 합치면 무려 2백만에서 2천만 개에 이르게 됩니다. 이들을 어떤 방식으로 결합하느냐에 따라 다른 역할을 하는 것입니다. 1차 연구보다 훨씬 복잡하고 장기적인 과제인 셈입니다.

이제 질병 퇴치라는 인류의 염원을 실현하기 위한 노력은 두 가지 방향으로 나아가고 있습니다. 하나는 미생물에 관한 연구이며, 다른 하나는 자국민의 유전체 데이터를 빅데이터로 구축해 활용하는 방안입니다. 전자가 인간의 생로병사에 대한 완벽한 규명을 목표로 하고 있다면, 후자는 개인의 유전체가 나라별 인종 대표 군에 비해 무엇에 취약한지를 알고 예방하는 것을 목표로 합니다. 분명한 것은 인간의 생명 활동 모든 것에 미생물이 관여하고 있다는 사실입니다.

생명의 근원
미생물이 질문하다

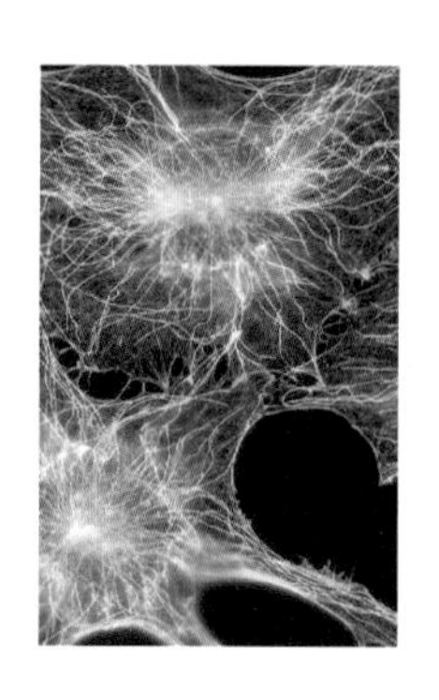

지구의 주인은 누구일까. 인간 중심의 사고 방식으론 당연히 '인류(사피엔스)'라고 생각하겠지만, 20만 년 전, 처음 인류가 지구에 등장했을 때 인류의 존재감은 보잘것없었습니다. 그들의 중량은 지구의 동물 전체 생물량(Biomass)의 1% 미만에 불과했습니다. 그리고 최근 1만 년 동안 인간은 농경과 가축 사육에 성공했고, 그 결과 인간이 기른 가축은 전체 동물 중 96% 이상을 차지할 수 있었습니다. 가축의 번식은 성공했지만, 이 결과의 다른 측면은 다른 종들이 멸종당했다는 것입니다. 인류가 세계의 주인이라는 세계관은 이런 배경에서 탄생했습니다.

생존을 위해 진화를 거듭한 인간보다 더 강력한 생명력과 진화를 거듭한 것들이 있었으니 바로 '미생물'입니다. 지구 생명체 중량의 60%이며, 가스로 가득했던 지구에 산소를 가져오고 식물과 인간을 창조한 장본인입니다. 지금의 인간과 동물, 식물의 모든 수보다 100억 배가 많으며, 과학자들은 사람의 세포가 얼추 30조 개라면 사람 몸의 미생물은 38주 개가 넘을 것으로 추산하고 너무 많아 정확한 측정이 불가능할 뿐입니다.
14세기 중반 전 유럽을 삼켜 버린 페스트(Plague)는 전체 유럽 인구의 80%를 소멸시켰고, 1918년에 퍼진 스페인독감(Spanish Flu)은 5천만 명가량 사망케 하였는데, 당시 세계 인구의 5%가량이었습니다. 2020년 전 세계를 팬데믹으로 몰아넣은 코로나바이러스(COVID-19)는 불과 1년 만에 300만 명의 사망자를 냈습니다. 모든 생명체의 생로병사를 관장하며 35억 년 전부터 태고의 지배자였던 존재는 바로 미생물인 것입니다.

인류가 이 존재를 알아차린 지는 불과 340년에 지나지 않습니다. 그나마 배양에 성공한 것은 불과 150년에 불과한데, 이는 전체 미생물의 1%도 되지 않을 것이라고 과학자들은 추정하고 있습니다. 그러나 어디까지나 추정일 뿐입니다. 세상 만물의 99%를 모른다고 하는데, 그것이 99%일지 99.9999%일지는 누가 알겠습니까. 미생물의 측면에서 보면 사피엔스라는 종(種)은 지구에 잠깐 발흥했다가 스스로 멸종할 찰나의 존재일지도 모릅니다.

1674년, 안토니 반 레벤후크는 자신이 만든 현미경으로 식물과 돌멩이, 손톱 등 이것저것 닥치는 대로 관찰하며 소일하고 있었습니다. 어느 날 집 근처 호수의 물을 한 바가지 퍼 와 현미경의 렌즈에 올려놓자 놀라운 광경이 펼쳐졌습니다. 꼬물꼬물하게 움직이는 그 무엇인가가 나타난 것입니다. 그런데 정말 세계를 놀라게 한 발견은 그 이후에 벌어졌습니다. 자신의 정액에 현미경을 들이대자, 셀 수 없을 정도의 지렁이같이 생긴 것(정자 · 精蟲)들이 헤엄치고 있는 것이 아니겠습니까? 이것은 나중에 교정되긴 했지만, 난원설(卵原說) 대신 사람의 모체 대부분이 정자에 이미 있다는 정원설(精原說)이 힘을 얻게 된 결정적 사건이었습니다. 당시 남자들의 어깨가 얼마나 올라갔을지 상상하는 것은 어렵지 않을 것입니다.

미생물에 관한 연구는 처음엔 세균성 감염에 관한 연구로 집중되었지만, 이후 플레밍이 항생제의 원료인 푸른곰팡이(페니실륨 · Penicillium)를 발견해 감염으로 인한 사망률을 극적으로 낮추면서 과학자들은 아주 작은 미생물의 세계엔 우리가 모르는 신비의 힘이 있을 것이라는 영감을 받았습니다. 이후 파스퇴르가 유산균 발효의 원리를 규명하면서 좋은 균, 즉 유익균에 대한 인식이 처음으로 형성되었습니다. 이후 바이러스와 박테리아를 이용해 백신을 만드는 등, 인류의 생로병사를 관장하는 결정적인 요소가 미생물일 수 있다는 생각이 확산되었습니다.

미생물에 관한 관심은 이번 팬데믹으로 더욱 높아졌습니다. 사람 목숨은 물론 나라 경제를 살리고 죽이는 역할을 미생물(백신)이 하고 있음을 전 인류가 보게 된 것입니다. 지구 생명체의 기원과 진화 과정을 살피면 이 결과는 어쩌면 당연할지도 모릅니다. 지금의 모든 지구 생명체는 이 미생물과 함께 살며 진화한 결과로, 지금의 미생물은 의학 분야는 물론 생명과학 · 생화학 · 유전공학 · 환경 · 의료 · 식품 · 화장품 · 오염정화까지 연구되지 않는 분야가 거의 없을 정도로 중요해졌습니다.

그렇다면 바이러스는 나쁜 균일까요? 그렇지 않습니다. 바이러스는 세균과 다르게 분류합니다. 원래 세균은 스스로 에너지를 만들며 물질대사를 하지만, 바이러스는 세균에 들어가면 DNA를 복제하고 세균을 망가지게 합니다. 따라서 세균에는 대부분 유익한 균도 많지만, 바이러스의 경우 사람과 동물에게 치명적인 경우가 많습니다. 바이러스 역시 미생물이기에 미생물을 이용해 미생물의 활동을 억제하거나 사멸시키는 효과 역시 꾸준히 연구되고 있습니다.

마이크로바이옴
(Microbiome)

자연 생태계

마이크로바이옴

마이크로바이옴(Microbiome)은 미생물을 뜻하는 '마이크로브(Microb)'와 생태계를 뜻하는 '바이옴(biome)'의 합성어로, 미생물의 생태계를 말합니다. 인간의 몸속에 함께 공존하고 있는 미생물의 유전정보 전체를 일컫는 말로 '세컨드 게놈(second genome)'이라고도 불립니다. 마이크로바이옴 연구 논문 편수는 1995년부터 늘기 시작하여 2015년에 정점을 이루는데, 세계적인 과학 잡지인 네이처와 사이언스에 가장 많은 연구 논문이 실리는 분야입니다.

마이크로바이옴의 연구가 본격적으로 시작된 것은 2008년 미국에서 주도한 '인간 마이크로바이옴 프로젝트(Human Microbiome Project)'로, 2012년 1차 연구 결과를 보고하면서 본격적인 연구가 시작되었습니다. 연구 결과에 따르면, 인체 내의 각종 미생물은 생체대사 조절 및 소화 능력에 영향을 끼친다는 기존의 통념을 넘어 특정 증상의 원인이 되거나 각종 질병 치료의 키워드를 갖고 있다고 합니다. 즉 알레르기나 비염, 아토피, 비만과 관련된 각종 대사 · 면역질환, 장염, 심장병뿐만 아니라 우울증, 자폐증, 치매 등 뇌 질환에도 장내 미생물이 중요한 역할을 한다는 내용입니다.

이후 선진국에서는 마이크로바이옴 연구 돌풍이 일어나기 시작했고, 우리나라도 2014년 삼성이 40개 연구 과제 중 하나로 포함하였을 뿐 아니라 상당한 연구기관과 제약회사가 뛰어들어 건강 과학의 혁명에 동참하고 있습니다. 미국은 2016년 정부 기관과 각종 연구기관이 컨소시엄을 구성하거나 자체적인 연구를 발주하여 장내 미생물의 비밀의 문을 열 수 있는 다양한 방법을 찾고 있습니다. 2014 다보스포럼(World Economic Forum)이 마이크로바이옴 산업을 신성장 10대 산업으로 발표하여 더욱 관심을 증폭시켰습니다.

마이크로바이옴도 장기다

동식물에 있어 100~1,000종의 미생물의 종이 존재하며, 한국인은 200~400종의 미생물이 체내에 있다고 합니다. 우리 몸의 정상적인 항상성을 유지하기 위해서는 최소한 150종의 미생물이 있어야 건강한 삶을 영위할 수 있습니다. 세포 유전자(제1게놈)는 2만 개, 미생물 유전자(제2게놈)의 경우 330만 개로 세포 유전자보다 150배나 많습니다. 우리 몸의 미생물 분포를 보면 대부분 대장에 미생물이 분포되어 있는데, 38조 개 정도입니다. 입은 대장의 100분의 1, 피부는 대장의 1,000분의 1, 소장의 경우 대장의 1,000분의 1, 위의 경우 1,000마리 정도가 있습니다. 사람의 대장 속 미생물 구성은 대부분 세균으로 되어 있으며 곰팡이는 0.1%에 불과하고, 대변의 3분의 1도 미생물로 구성되어 있습니다.

인간의 유전자는 쉽게 바꿀 수 없지만, 미생물 유전자는 우리의 생활습관을 통해 쉽게 바꿀 수 있습니다. 마이크로바이옴, 즉 우리 몸의 미생물 생태계는 2주 정도 조정하면 변할 수 있습니다. 이런 측면에서 착한 탄수화물(식이섬유) 섭취가 중요합니다. 사과, 당근, 버섯, 감자, 비트, 마늘, 고구마 등의 식품을 섭취했을 때 흡수가 어려운 식이섬유는 대장에서 미생물 먹이원으로 이용되기 때문입니다.

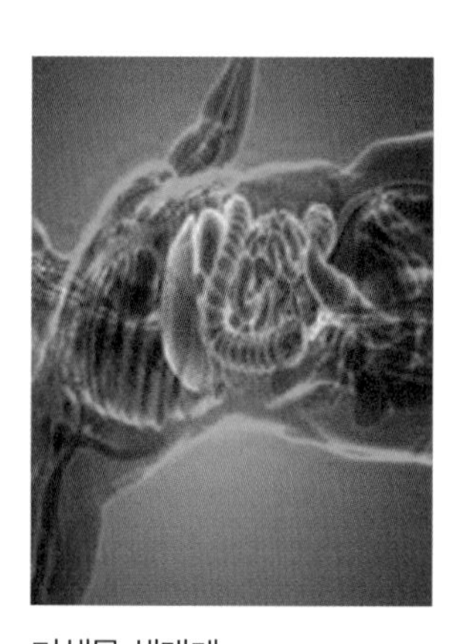
미생물 생태계

짧은사슬지방산의 역할

짧은사슬지방산(Short Chain Fatty Acid)은 장내 미생물이 식이섬유를 분해 · 발효하면서 생성되는 물질로 아세트산, 프로피온산, 브티

르산, 초산을 말합니다. 인간이 스스로 소화하지 못한 탄수화물은 대장에서 미생물들이 발효를 통해서 만들어 냅니다. 다시 말해 짧은사슬지방산은 식이섬유의 분해 과정에서 만들어지기 때문에 인스턴트식품의 섭취를 줄이고 식이섬유가 풍부한 식품들을 섭취해야 합니다. 탄수화물 섭취 시 통곡물을 활용하면 장 건강에 도움을 줄 수 있습니다.

짧은사슬지방산은 장벽을 이루는 상피세포의 에너지원이 되는 물질로서, 약산성을 유지하여 선옥균을 늘어나게 하며, 항염증 작용이 뛰어나고 점막을 보호합니다. 각종 독소의 침입을 막고 염증, 알레르기가 사라집니다. 또한 지방 흡수를 적게 하고, 교감신경을 자극해 대사가 높아지며, 당뇨병 치료제인 인크레틴(Incretin)을 만듭니다. 특히 짧은사슬지방산의 가장 큰 역할은 대장 점막을 보호하고 염증을 억제하는 데 크게 작용한다는 점입니다.

디스바이오시스(Dysbiosis)

디스바이오시스는 장내 미생물의 균형과 다양성이 무너진 상태를 말합니다. 디스바이오시스의 주요 특징은 장내 미생물의 균형과 종 다양성이 무너지면서 장 속 미생물의 구성이 단순하게 변하게 된다는 점입니다. 이에 따라 장내 짧은사슬지방산 생성에 필요한 주요 장내 미생물인 프리보텔라, 페칼리박테리윰 등 유익균이 감소하여 염증에 관련된 유해균이 증가하고, 대변의 양과 점막의 감소로 인하여 점막을 갉아 먹는 세균이 자라고 장벽이 약해지는 증상이 발병하여 장염증, 전신염증, 뇌염증 등이 생겨납니다. 따라서 디스바이오시스는 많은 질병과 연관성을 가지고 있습니다.

디스바이오시스 해소 방법

디스바이오시스의 해소를 위해서는 생활 식습관을 바꾸는 것이 우선되어야 합니다. 통곡물, 사과, 당근, 버섯, 감자, 비트, 마늘, 고구마, 양배추 등 착한 탄수화물 섭취를 많이 하여 장내 미생물이 좋아하는 식이섬유가 충분히 공급되도록 해야 하며, 서구화된 식습관을 바꾸는 것이 중요합니다. 특히 장내 미생물의 균형과 다양성에 도움을 주는 유익균의 집합체인 G4000 종균을 활용하여 발효식품을 만들어 먹는 것이 중요합니다. 편리성과 간편식만 찾다 보면 우리의 장내 미생물의 종 다양성이 깨지면서 질병의 원인이 된다는 점을 명심해야 합니다.

프로바이오틱스와 프리바이오릭스

프로바이오틱스란 유산균을 포함한 인체에 유용한 생균을 말하고, 프리바이오틱스란 프로바이오틱스의 먹이가 되는 식재료를 말합니다.

김치
세계인의 입맛에
다가가다

발효(醱酵)는 미생물이 자신이 가지고 있는 효소를 이용해 유기물을 분해하는 과정을 말합니다. 그래서 발효의 과정은 마치 부패의 과정과 흡사합니다. 우리에게 유용한 물질을 만들어 내는 시점까지 분해되면 '발효'이고, 그 이상이 되어 악취가 나고 나쁜 물질이 만들어지면 부패가 되는 것입니다. 발효의 어원은 '끓어오르다'는 뜻의 라틴어 'femere'로, 한자로 발효(醱酵)의 발(醱)은 '술을 빚는다', 효(酵)는 '술을 삭힌다'는 뜻입니다.

한국의 발효음식에 대한 기록은 다양합니다. 우리의 발효음식은 장류 · 주류 · 식초류 · 김치 · 젓갈 정도로 나눌 수 있는데, 동아시아 지역에도 이와 유사한 발효음식이 있습니다. 유럽의 목축 문화권에선 발효시킨 빵과 치즈 등의 발효음식이 전통적입니다. 우리 민족의 발효음식에 대한 가장 오래된 기록은 『삼국지(三國志)』 「위지(魏志)」 고구려조에 나오는데, "고구려 사람은 선장양(善藏釀)한다."고 하였습니다. 여기서 '장양'이란 술 빚기, 장 담그기, 채소 절임과 같은 발효식품의 총칭으로 해석됩니다. 우리 문헌으로는 『삼국사기(三國史記)』「신라본기(新羅本紀)」 기록에서 확인할 수 있으며, 683년(신문왕 3)에 김흠운의 딸을 왕비로 간택하여 혼인할 때 납채 품목으로 쌀, 술, 기름, 꿀, 포, 혜(醯)와 함께 장과 시(豉)를 수레 135대에 실어 보냈다는 기록이 남아 있습니다.

중국에서 가장 오래된 시집이라는 『시경(詩經)』엔 콩(숙 菽)이 등장하는데, 콩의 원산지는 만주 남부 지역으로 이곳에서 야생 들콩을 재배하기 시작했다는 설이 유력합니다. 이 지역은 옛 고구려의 땅이며 우리 조상인 맥(貊)족의 시원지입니다. 삼국 시대에 이미 콩으로 만든 장으로 '시(豉)'와 '말장(末醬)'이란 말이 나오는데, 발해의 수도인 책성(柵城)이 시(豉)의 명산지라 하여 이를 보면 발효음식은 삼국시대 이전부터 우리 조상들에게는 필수 식품이었음을 알 수 있습니다. 고구려의 주몽 신화도 유화가 만취해 해모수와 동침해 얻은 아들 주몽이 고구려의 시조가 되었다는 내용이니, 발효와 관련해선 그 어느 민족에 뒤지지 않는 다양성과 역사성을 지녔다고 볼 수 있습니다.

다만 고추장의 역사는 300년이 채 되지 않습니다. 고추가 임진왜란 무렵에 조선에 들어왔고 고추를 일상에서 사용하기 시작한 때는 17세기 후반입니다. 배추 역시 1900년이 되어서야 일상화되었고 그 이전에는 주로 수입해 약초로 사용했기 때문에 지금 우리가 즐겨 먹는 김치와는 매우 달랐습니다. 고려 시대 이규보의 문집 『동국이상국집(東國李相國集)』에 수록된 시 「가포육영(家圃六詠)」에는 순무를 소금에 절이고, 장에 박아 여름철에 먹었다는 내용이 등장합니다. 소금에 절인 무와 장아찌가 절임음식이었던 셈입니다.

이렇듯 김치의 어원도 '소금물에 채소를 담근다'는 뜻의 침채(沈菜)인데, 이는 '딤채'를 한자로 기록하기 위함이었습니다. 이후 딤채는 '짐채', '김채'로 바뀌었습니다. '沈'은 고대에는 '딤', 16세기 이후에는 '팀'이라는 발음 값을 가졌기에 적어도 중세 이전에 우리 조상은 김치를 담가 먹었을 것입니다. 또한 김치를 '지'라고도 불렀는데, 이는 김치의 옛 명칭 중 하나인 '디히'에서 유래된 것입니다. 오늘날 장아찌, 짠지, 섞박지 등의 어미에 그 흔적이 남아 있는데, 흥미로운 점은 호남 지방에선 아직도 '지'가 김치를 뜻하는 말로 존속하고 있다는 것입니다.[1]

2020년 코로나 팬데믹이 시작되자 김치는 다시 한번 세계의 주목을 받게 되었습니다. 과거 2002년 중증급성호흡기증후군 사스(SARS)가 동남아시아를 패닉에 빠뜨리며 700여 명의 사망자를 낸 것에 반해 한국에선 단 한 명만이 감염되자, 대만 · 홍콩 등에선 김치가 한국인을 방어한 것이 아니냐는 주장이 제기되었고, 2005년 BBC는 김치에 함

1 한국민속대백과사전, 두산백과사전

유된 마늘이 항바이러스 효과를 가졌을지도 모른다는 가설을 제기한 것입니다. 김치의 기본 재료인 마늘과 파에는 알리신(Allicin)이 풍부하게 들어 있는데, 알리신은 강한 살균 · 항균 작용이 특징이며 탄수화물 단백질과 결합하면 효과가 더욱 좋아지는 특징이 있어 근거 있는 주장이라 할 수 있습니다.

2018년 국내 연구진[2]은 정말 김치가 항바이러스 효과 및 면역력 향상에 도움을 주는지 확인하였습니다. 김치를 담근 직후와 초숙, 적숙, 과숙기 과정에서 분류한 균주 시료를 바이러스를 감염시킨 세포와 동물에 투여해 인플루엔자 바이러스 억제 효과를 확인한 것입니다. 실험 결과 플루 바이러스와 조류 인플루엔자 바이러스에 상당한 억제 효과가 있음을 확인하였고, 무엇보다 이를 투여한 생쥐의 생존율 또한 30% 이상 높게 확인되었습니다. 잘 익은 김치의 균주에 의한 물질이 바이러스 막 표면에 영향을 미치거나 면역세포의 활성을 증진시켜 항바이러스 효능을 높였음이 증명된 것입니다.

2020년 세계보건기구(WHO) 산하 연구단체인 '만성 호흡기 질환에 대한 국제연합' 의장 장 부스케 프랑스 몽펠리에대학 연구팀은 발효 배추가 코로나 사망률을 낮추는 데 영향을 주었다는 연구 결과를 발표했습니다. 연구팀은 2020년 상반기 코로나 발생률 대비 치명률이 낮은 두 나라의 식생활을 연구한 결과, 독일과 한국 모두 발효된 배추를 즐겨 먹는 식습관이 사람의 면역력을 높였다는 것입니다.

2 한국식품연구원과 고려대, 세계김치연구소, 대상주식회사가 참여한 공동연구팀

사스에 이어 코로나 19 팬데믹까지, 감염병이 확산하면 김치를 주목하는 패러다임 형성이 반복되고 있습니다. 그 결과 2020년 우리나라의 김치 수출량은 전년 대비 37.6%나 늘어나게 되었고, 중국이 김치가 자국 음식이라며 김치 공정을 펼친 것도 우연이 아니라 할 수 있습니다. 과거 서구에선 '김치'가 한국인을 비하하는 인종차별적인 단어로 쓰였지만, 이제는 장(醬)류와 김치가 면역력 증강 식품으로 주목받고 있는 것입니다.

2021년 미국의 쉐이크쉑버거(SHAKE SHACK BURGER)는 김치 고추장 버거를 신제품으로 런칭했고 꽤 인기를 얻었습니다. 빨간 고추장 양념을 바른 치킨 패티와 백김치를 얹은 햄버거는 이렇게 소개되었습니다. "우리 쉐이크쉑의 한국지점에서 날아온 '한국식' 프라이드 치킨, 고추장(Gochujang)이 발라진 바삭한 닭가슴살 위에 '최씨 김치(Choi's Kimchi)'가 만든 백김치 슬로를 얹었습니다."

물론 김치의 약진은 K-Pop, K-Drama, K-Food 등의 한류의 세계화로 인한 것입니다. 일본이 메이지유신 이후 작은 요소도 신비로운 것으로 상품화해 유럽을 강타하고 중국이 막대한 자금력과 화교의 힘으로 아시아 문화의 상징성을 모조리 차용할 때, 한국은 조용한 편에 속했습니다. 세계인들 사이에서 한국을 대표하는 이미지가 분단과 한국전쟁이었던 것이 불과 20년 전의 일입니다. 지금 중국이 김치를 중국의 전통음식 파오차이(泡菜)라 선전하며 김치 공정에 나서고 있는 것 또한, 글로벌 소프트파워 한류의 영향력을 확인했기 때문입니다. 물론 김치와 파오차이는 근본에서부터 다른 음식입니다. 김치는 살아 있는 유산균이 증식하며 계속 발효하는 음식인 데 반해 파오차이는 소금과 산초 등의 향신료를 끓인 후 채소를 넣어 절인 음식입니다. 살균한 물에 고농도의 소금물로 담근 채소에 유산균이 제대로 증식할 리 만무합니다.

2011년 24차 국제식품규격위(CODEX)에서 김치를 국제식품 규격으로 인정하여 김치(Kimchi)라는 고유명도 확정했습니다. 김치는 전 세계의 채소 발효식품 중 국제식품 규격을 인증받은 유일 식품입니다. 또한, 2013년엔 김장 문화가 유네스코 인류무형문화유산에도 등록되어 김치에 대한 종주국 논란은 해프닝에 그칠 가능성이 큽니다. 국제식품규격위는 UN 산하 세계보건기구(WHO)와 국제식량농업기구(FAO)의 공동기구입니다.

문제는 미래입니다. 세계에서 가장 많이 유통되는 김치는 중국 김치이며 한국 식당의 테이블을 장악하고 있는 것도 'Made in china' 김치입니다. 국내산 김치가 재료비와 인건비에 밀리는 바람에 풍부하고 다양한 풍미를 자랑했던 김치가 식단에서 사라지고 있는 것입니다. 우리 국민 식생활의 변화로 쌀과 김치의 소비가 급전직하한 것도 중요한 과제입니다. 우리 발효식품의 다양한 개발은 물론, 전통 발효식품의 표준화 및 매뉴얼화를 통해 과학성을 인정받는 것도 중요합니다. 김치 등의 발효 문화도 동시대인의 사랑을 얻지 못하면 사장되고 말 것입니다. 역사를 통해 보면, 특정 음식문화는 한 나라에 정주하는 것이 아니라 흐르는 것입니다. 우리가 개척해서 애용하지 못하면 김치가 중국의 음식이 되는 미래도 충분히 가능합니다.

프로바이오틱스 (Probiotics)가 뭐길래

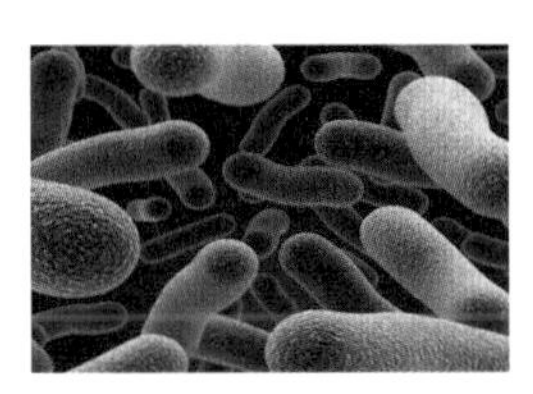
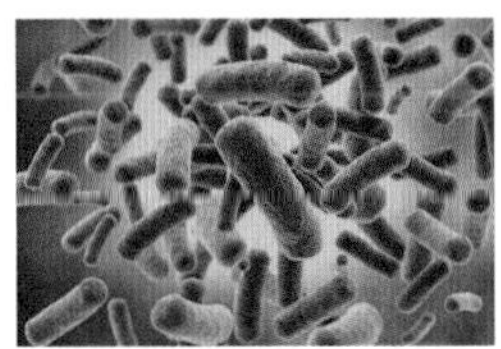

야쿠르트 전성시대가 있었습니다. 작은 플라스틱 병에 담긴 독특한 맛으로 아이들은 물론 목욕을 마친 어른들도 목욕탕에서 개운한 맛으로 즐겼던, 한국야쿠르트에서 만든 이 공전의 히트 상품은 사실 일본 야쿠르트 법인의 한국 투자로 인한 것이었습니다. 그렇다면 왜 야쿠르트일까요? 일본 생물학자 미노루시노타는 장내 유해균을 억제하는 유산균 배양에 성공했는데 '요거트'의 에스페란토어 '야후르트'에서 이름을 따와 회사를 설립하게 되었습니다. 아이러니한 점은 야쿠르트에는 유산균이 많이 들어 있지 않다는 것입니다.

20세기 초 불가리아 과학자 스타먼 그리고 로브에 의해 유산균(불가리아균)이 요거트를 만든다는 것이 밝혀졌습니다. 이후 러시아 과학자 일리야 메치니코프(Elie Mechinikoff)는 불가리아 농민이 높지 않은 소득 수준과 의료 체계와 비교해 장수하는 비결이 음식에 있지 않을까 생각했습니다. 그는 불가리아 농촌의 노인들이 100세 이상 산다는 사실을 발견했고, 사워밀크라는 발효 우유를 자주 마신다는 점에 주목했습니다. 메치니코프는 결국 불가리아의 발효 우유에서 락토바실러스(lactobacillus)를 추출하는 데 성공하여 그 공로로 1908년 노벨생리의학상을 수상하였습니다. 이처럼 좋은 균이 인체에 좋은 영향을 주기 위해선 적어도 위산과 담즙산에서 살아남아 소장까지 도달하여 장에서 증식하고 정착할 수 있어야 합니다.

시판되고 있는 유제품 이름에 메치니코프, 불가리스, 파스퇴르, 비피더스가 있습니다. 비피더스는 장내 젖산균, 비피도박테리움(Bifidobacterium)에서 따온 말입니다. 이처럼 착한 균은 사람을 살리기에 프로바이오틱스(Probiotics)라고 부르고 여기에는 '생명을 위한 물질'이라는 뜻이 내포되어 있습니다. 앞서 언급했던 항생제는 소장의 상피세포를 공격해 유익균과 유해균 모두를 죽입니다. 이를 생명을 막는다는 의미로 안티바이오틱스(Antibiotics)라 합니다. 그리고 생명체와 무관한 가짜 바이오틱스를 제노바이오틱스(Xen obiotics)라 하며, 화장품 · 샴푸 · 치약 · 비누 · 세제 · 농약 · 환경호르몬 등의 환경 독소를 일컫습니다.

이후 연구를 통해 락토바실러스 계열과 비피도박테리움 계열의 유산균은 더욱 많이 발견되었습니다. 락토바이러스 계열로는 애시도필러스, 불가리쿠스, 카제이, 퍼멘툼, 파라카제이, 플라타룸, 람노서스, 루데리, 헬베티쿠스, 가세리, 살리바리우스, 락티스가 있고 비피도박테리움 계열은 락티스, 비피덤, 브레브, 롱검, 스트렙토코커스, 써모필러스가 종균으로 활용되고 있습니다.

장에 영향을 주는 바이오틱스

나쁜 바이오틱스

1 안티바이오틱스

– 생명을 막는다는 의미를 지닌다.

– 대표적인 물질이 항생제이다.

– 항생제는 몸 안에서 배출되지 않는다.

– 소장의 상피세포를 공격하여 유익균과 유해균 모두 죽인다.

– 장내 세균총을 무너뜨린다.

2 제노바이오틱스

– 가짜라는 뜻이 있다.

– 환경 독소이다.

– 종류: 화장품, 샴푸, 치약, 비누, 세제, 잔류농약, 환경호르몬, 중금속, 전자파, 방부제, 표백제 등

좋은 바이오틱스

1 프로바이오틱스

– '생명을 위하여'라는 의미를 지닌다.

– 인체에 유익한 영향을 주는 미생물이다.

– 질병을 예방하고 개선한다.

– 착한 유산균이라고도 한다.

2 프리바이오틱스

– 미생물의 먹이다.

– 종류: 올리고당, 프락토올리고당, 식이섬유, 해조류, 돼지감자, 동아, 우엉, 양파, 연근, 콩 등

3 신바이오틱스

– 프로바이틱스와 프리바이오틱스가 함께 들어 있는 제품을 말한다.

– 장내 유익균 증가를 돕는 역할을 한다.

4 포스트바이오틱스

– 위산이나 강산에 영향을 받지 않는다.

– 장내 유익균 증가를 돕는다.

– 장 환경 개선에 도움이 된다.

– 효과가 빠르게 나타난다.

식품으로 등록된 유산균(19종)

1 락토바실러스 에시도필러스(lactobacillus acidophilus): 염기에 잘 생존

2 락토바실러스 불가리쿠스(lactobacillus bulgaricus): 유당 불내증 개선

3 락토바실러스 카제이(lactobacillus casei): 우유와 치즈에서 분리

4 락토바실러스 퍼멘툼(lactobacillus fermentum): 동맥경화 예방 효과

5 락토바실러스 파라카제이(lactobacillus paraacasei): 독소 흡착에 관여

6 락토바실러스 플란타룸(lactobacillus plantarum): 김

치 발효에 관여

7 락토바실러스 람노서스(lactobacillus rhamnosus): 여성 건강에 관여

8 락토바실러스 루테리(lactobacillus reuteri): 신생아 면역에 관여

9 락토바실러스 헬베티쿠스(lactobacillus helveticus): 골밀도 증가 효과

10 락토바실러스 가세리(lactobacillus gasseri): 혈당 및 당뇨병 증상 개선 효과

11 락토바실러스 살리바리우스(lactobacillus salivarius): 유해균 번식 억제 효과

12 락토코커스 락티스(lactococcus lactis): 낮은 산도에 강함

13 비피도박테리움 락티스(bifidobacterium lactis): 면역력 회복 효과

14 비피도박테리움 비피덤(bifidobacterium bifidum): 배변 활동에 관여

15 비피도박테리움 브래브(bifidobacterium breve): 설사에 도움

16 비피도박테리움 롱검(bifidobacterium longum): 혈중 콜레스테롤 농도 저하 효과

17 스트렙토코커스 서머필러스(streptococcus thermophilus): 유당 분해 능력 우수

18 엔테로코쿠스 패시움(Enterococcus faecium): 극한 환경(염기 pH9.6) 생존력

19 엔테로코쿠스 패갈리스(Enterococcus faecalis): 정상 세균총 회복에 도움

5천 년 역사를 가진 우리 민족에게는 발효음식 그 자체가 문화였습니다.
유구한 세월 동안 먹어 온 우리 전통의 발효식품을 먹고
탈이 났다는 기록은 단 한 줄도 없을 정도로 발효식품은 안전하고
최고의 음식으로 평가받고 있습니다.
우리 선조들이 이루어 놓은 위대한 발효 문화를
재현과 표준이 가능한 복합균을 활용한 기술로 발전시켜
우리의 발효식품을 세계인들이 찾는 K-발효푸드로 발전하는 기틀이 되었으면 합니다.

Part 2

책만 보아도 할 수 있는 발효

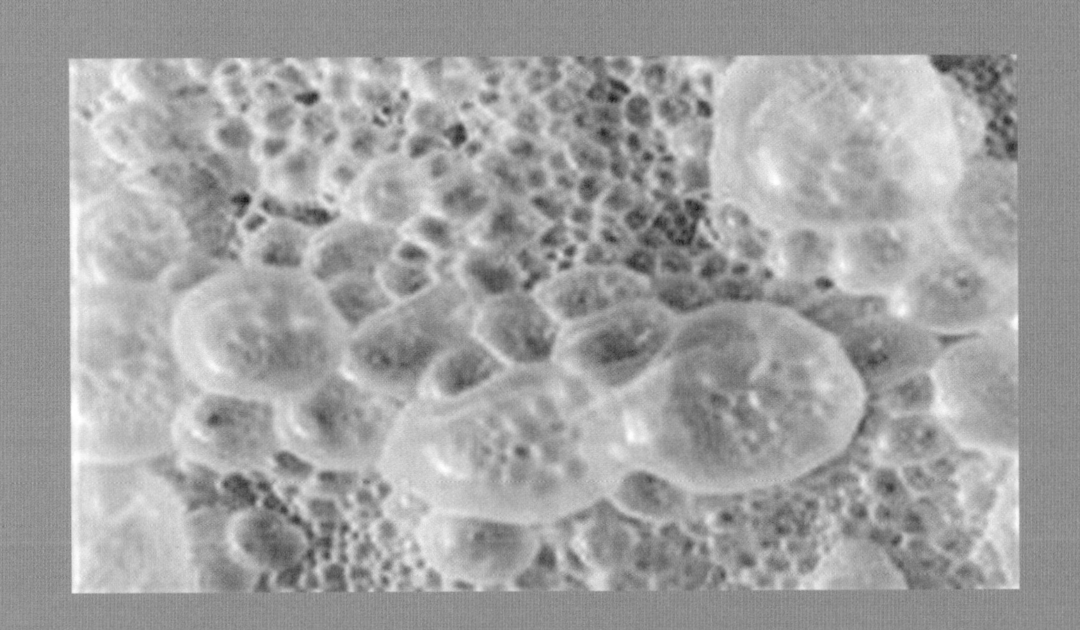

내 나이 35억 년
미생물

미생물이란?

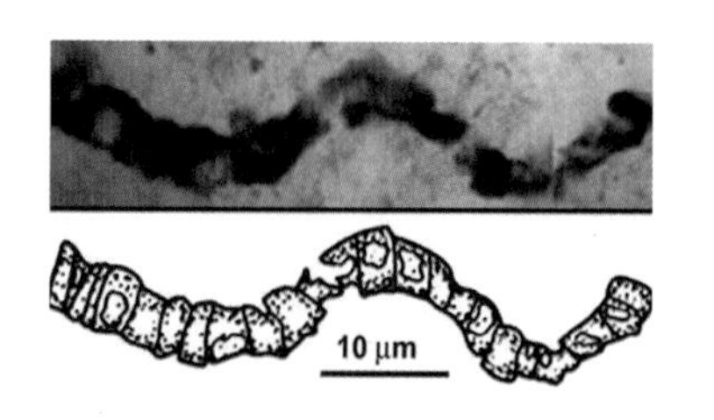

미생물의 나이는 35억 년, 사람의 나이는 20만 년 정도 됩니다. 미생물은 1,500만 년 전부터 생명체와 공생 관계를 유지한 것으로 추론하고 있습니다. 미생물은 원생동물류, 조류, 사상균류, 세균류, 바이러스류로 구분할 수 있습니다. 이름처럼 미세한 크기이기 때문에 눈으로 볼 수 없어 현미경으로만 볼 수 있고, 적절한 환경에서 미생물 1개가 하루 만에 1억 개로 빠르게 증식하게 됩니다. 모든 생명체에는 미생물이 생존하고 있으며 미생물이 없으면 동식물은 살아갈 수 없습니다.

미생물의 발견

17세기 네덜란드의 포목상인 안톤 반 레벤후크가 현미경을 발명하면서 효모균, 혈구 등이 관찰되어 이 공루를 인정받아 박물학자로서 영국왕립협회 회원에 가입하게 되었습니다. 그로부터 200년이 지난 후, 프랑스의 화학자 파스퇴르는 모든 질병의 원인이 병원성 미생물이라는 학설을 완성하였습니다. 그는 1861년 미생물이 질병의 원인임을 증명하여 세균설을 주장하였고, 1866년 포도주의 미생물에 의한 발효 관련성을 밝혔습니다. 이러한 연구를 통해 미생물을 개발하여 만든 약을 백신으로 고안한 것을 예방접종이라 정하였으며, 미생물이 산업으로 발전하는 초석을 다졌습니다.

미생물의 역할 및 활용

미생물은 물질을 교환하는 공생을 통해서 생물을 생존할 수 있게 하고, 죽은 동식물 유기체를 분해하여 생태계의 물질 순환 고리를 만들며 생물에 기생하여 유익하게 하거나 해를 끼칩니다. 미생물이 사람에게 유익하게 활용하는 유익균은 유산균 고초균 효모 등을 말하고, 유해균은 콜레라균 대장균 등 사람에게 해를 주는 것을 말하는데, 세균 대부분은 우리 인간에게 도움을 주는 유익균입니다. 바다에 있는 미생물인 미세조류가 지구 산소의 절반을 만들어 내고, 토양 미생물은 농약과 화학비료를 대신할 수 있습니다.

따라서 미생물에 관한 정보를 획기적으로 높인다면 기후변화, 인류 건강 증진, 환경 보전 등에 큰 역할을 하리라 예상됩니다. 미생물은 지구 최초의 생명체로 지구상에 존재하는 모든 식물과 동물의 탄생과 진화에 중요한 역할을 해 왔고, 기후 변화에도 한몫하며 온 지구를 지켜 온 산 증인입니다. 따라서 호모사피엔스인 현생 인류도 미생물과 동고동락하고 있는데, 인류는 술 식초 장류 젓갈 등 각종 식품 발효에 이용해 왔으며 축산 악취, 부숙도 향상에 미생물이 크게 기여하고 있습니다.

분해 생성의 마법사 발효

발효란?

미생물이 효소 활동으로 원재료보다 더 바람직한 상태로 전환되는 것을 말합니다. 발효는 한자로 '술을 빚다(醱)'와 '술을 삭히다(酵)'의 뜻을 가진 합성어이며, 발효식품의 기원은 술에서 출발하였음을 추론할 수 있습니다. 서양에서는 발효를 'Fermentation'이라고 하는데

라틴어 ferverve는 '끓는다'의 의미로 발효 중에 발생하는 탄산가스, 열에 의한 현상에서 유래한 것으로 보고 있습니다.

재미있는 발효 이야기

먼 옛날 바닷가에 채소가 담긴 항아리가 파도에 의해 해안가에 밀려 왔습니다. 항아리 안에는 채소가 가득 있었고 바닷물에 담겨 있었습

니다. 호기심이 많은 우리 선조 한 분이 항아리에 들어 있던 절여져 있던 채소를 먹게 되었던 것이 5천 년 발효음식 문화의 시작이었습니다. 5천 년 유구한 세월 동안 먹어 온 발효식품을 먹고 탈이 났다는 기록은 단 한 줄도 없을 정도로 발효식품은 안전하고 최고의 음식으로 평가받고 있습니다.

선옥균(복합균)

전통 방법으로 잘 발효된 발효식품 속에는 유산균, 효모, 바실러스균 등 다양한 유익한 발효 미생물들이 함유되어 있는데, 이러한 균들을 통칭하여 '선옥균(善玉菌)'이라 하며 요즘 용어로는 '복합균'이라 표현합니다. 옛날 우리 선조들은 냉장고가 없었기 때문에 우유를 끓여서 식혀 발효된 우유를 섭취하였습니다. 졸인 우유를 발효하면 우유피가 생성되는데 우유의 피를 숙수(치즈)라고 했고, 우유를 졸여 발효된 것은 생수(버터)라고 했습니다. 우유를 졸여 발효한 후 말린 선옥균 덩어리를 선옥환(프로바이오틱스) 이라고 했습니다. 놀랍게도 1,600년 전 백제의 지총이라는 사람이 건락 덩어리를 '선옥(善玉)균'이라고 하였으며 이를 최고의 발효음식이라고 칭하였습니다.

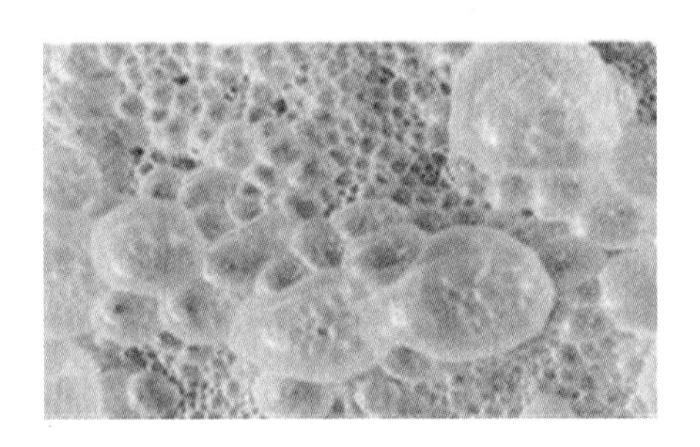

생명의 불쏘시개
효소

효소란?

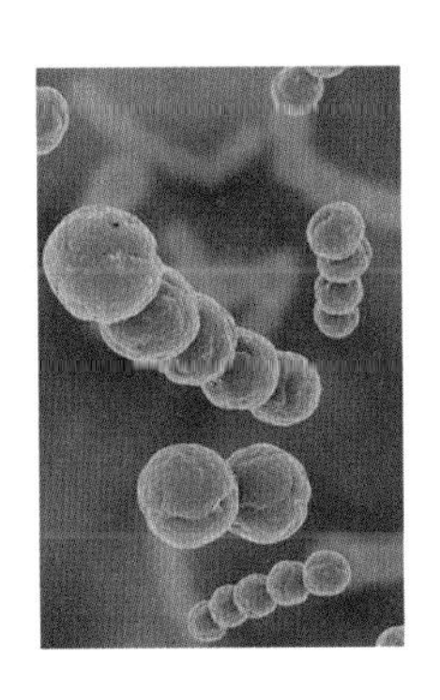

효소는 모든 생명체의 몸속에서 대사과정에 촉매로 관여하는 단백질로 된 물질입니다. 각종 화학반응에서 자신은 변하지 않으나 반응 속도를 빠르게 하는 단백질을 말하며, 크기는 1억 분의 1㎜의 초미세 단백질 입자입니다. 영어로 엔자임(Enzyme)이라 부르고 있으며 엔자임이란 말은 그리스어로 효모인 이스트(Yeast)를 말합니다. 세계 최초로 발견된 효소는 전분 분해효소인 디아스타제(Diastase)로, 1833년 프랑스 화학자가 맥아를 으깬 즙에서 전분이 분해되는 것을 발견한 것이 소화효소인 아밀라아제입니다.

효소의 특징

효소는 단백질로 구성되어 있으므로 온도와 수소 이온 농도(pH)에 의

해 크게 영향을 받습니다. 효소는 상온에서 인체의 체온, 즉 36℃ 정도의 온도에서 가장 잘 활성화되며 50℃부터 효소의 기능이 떨어지기 시작해서 115℃에서는 효소의 기능이 완전히 사라집니다. 전분의 분해효소는 아밀라아제는 pH 7에 작용하며 소화효소 펩신은 pH 2에서, 단백질분해효소 트립신은 pH 8에서 잘 작용합니다.

효소의 기능

우리 몸속에는 1억 5천여 종의 효소가 존재하고 있는데, 한 세포 안에 들어 있는 효소의 종류는 세포 내 물질의 수와 같으며 한 가지 효소는 한 가지 물질에만 적용해 대사작용을 거쳐 생체물질로 전환됩니다. 어떤 영양소가 우리 몸속으로 들어가면 여기에 맞는 특정 효소와 결합해야 합니다. 그렇지 않으면 흡수가 되지 않습니다. 이처럼 서로 맞는 기질끼리 결합하는 효소의 성질을 '기질특이성'이라 합니다. 체외효소는 우리 몸밖에서 공기와 물, 음식물을 통해 몸속으로 들어와 소화 작용을 돕고 영양소의 흡수가 잘 되게 도와주어 영양소가 되는 물질이며, 체내효소는 간과 췌장 등 우리 몸 안에서 비타민과 미네랄 등의 영양소로 만들어져 신진대사와 생리작용을 수행하는 촉매입니다.

효소의 역할

우리 몸속에서 탄수화물 지방 단백질을 소화시키고, 이것을 에너지와 세포로 변환하는 역할을 하는 것이 효소입니다. 체내효소를 만드는 것이 비타민이고 미네랄이며, 효소와 함께 에너지를 만드는 것이 비타민과 미네랄입니다. 비타민과 미네랄이 몸속에서 체내효소를 만들고 각각의 영양소로서 그 역할을 잘할 수 있도록 돕는 것이 체내효소입니다. 초식동물에는 셀룰라아제라는 효소가 있으므로 볏짚이나 풀 등의 섬유질 성분을 잘 소화합니다.

모든 생명체 속에는 효소가 들어 있고, 맛있는 음식을 먹는다고 해서 음식이 절로 에너지나 칼로리 등으로 바뀌는 것이 아니라 몸속에서 역할을 하는 어떤 물질이 반드시 있어야 합니다. 바로 이 일을 수행하는 일꾼이 체내효소입니다. 효소를 생명의 촉매, 생명의 불쏘시개, 인체 내 모든 생리작용의 중간 매개체이자 연결 고리라고 말합니다. 인간은 나이가 들수록 효소가 매우 감소한다고 합니다. 20대의 젊은이에 비해 80대의 노년은 전분을 분해하는 소화효소인 아밀라아제가 적게는 2배, 많게는 30배가 부족합니다.

효소의 활용

일본 의사들의 연구 논문에 의하면, 노년에 이르면 소화효소뿐 아니라 신진대사에 쓰이는 대사 효소도 젊은이들보다 30배 정도 낮다고 합니다. 나이가 들면 효소의 부족으로 인해 우리가 먹는 음식을 소화하는 능력이 현저하게 줄어들고 우리 몸의 신진대사도 크게 떨어집니다. 음식을 익혀 먹게 되면 열에 상대적으로 영향을 덜 받는 미네랄 등에 비해 체외효소는 100% 파괴되기 때문에 음식 자체에 들어 있는 효소의 도움을 전혀 받지 못합니다.

우리 몸속에서도 간과 췌장이 효소를 만들고 있는데, 화식으로 인해 체외효소가 부족해진 것이 사실이며 화식은 전체 먹거리의 90%를 차지합니다. 또한, 토양의 미네랄 부족은 화학비료의 힘을 빌려 같은 작물을 대량으로 반복해서 재배하면서 지력이 쇠하고, 땅심이 다한 결과입니다. 이처럼 체내효소가 잘 만들어지지 않고 대사활동이 잘 이뤄지지 않아 질병에 노출되어 성인병, 난치병이 급증하는 원인이 되고 있습니다.

0.1%의 기적
G4000 프로바이오틱스

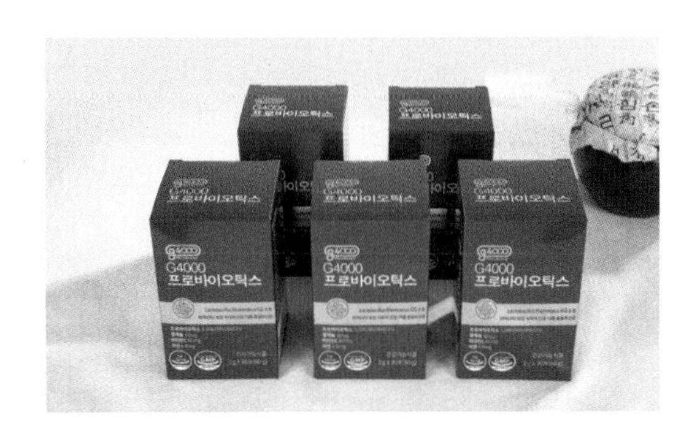

G4000 종균으로 식품을 발효로 이끌어 0.1%의 기적을 만듭니다.

특징 및 기능

- 건강기능식품으로 개발되었습니다.
- 식약처 유산균 19종을 함유하고 있습니다.
- 투입 균주 250억 cfu/2g, 보증균주 50억 cfu/2g을 보증합니다.
- 미생물의 대사산물인 짧은 사슬 지방산을 함유하고 있습니다.
- 미생물을 공서배양으로 약용 성분을 약 40배가량 증폭하였습니다.
- 덴마크 한센 특허 미생물을 함유케 하였습니다.
- 장류의 발효 시 독소 생성을 억제하는 균주를 사용하였습니다.

활용

- 장 건강에 도움을 주는, 섭취할 수 있는 유산균 제품입니다.
- 각종 식품을 발효할 수 있도록 개발하였습니다.
- 복합균으로 개발되어 모든 식품에 사용할 수 있습니다.

친환경 미생물농법 G4000 바이오팜

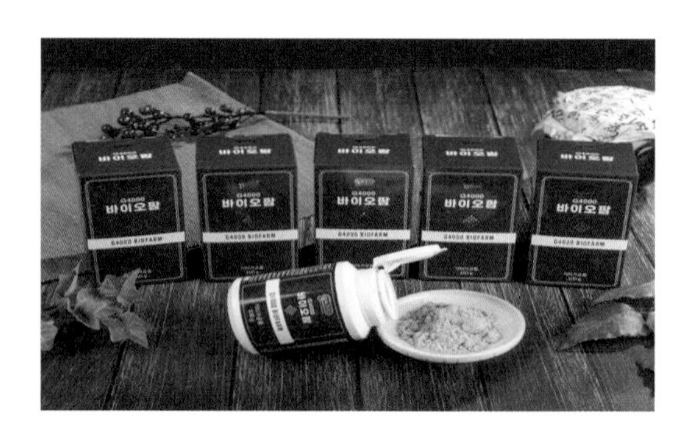

G4000 종균으로 농축산을 발효로 이끌어 축산 악취 해소, 친환경 미생물 농업에 초석이 되겠습니다.

특징 및 기능

- 농축산 · 환경용으로 개발되었습니다.
- 락토바실러스 에시도필러스 외 14종의 유산균을 함유하고 있습니다.
- 미생물 균체수 2,000억(cfu/100)을 함유하고 있습니다.
- 농축산 특허 균주 7종을 함유하고 있습니다.
- 식물 생장 촉진 및 병원균 방제 기능이 있습니다.
- 축산의 경우 사료 효율 향상 및 사료비 절감 효과가 있습니다.
- 축산 및 생활 악취 해소에 도움을 줍니다.

활용

- 각종 가축 농후사료에 종균 0.05%를 혼합하여 급여합니다.
- 발효액을 만들어 농업 · 축산 · 어업 · 환경에 사용합니다.
- 축산의 경우 생균제, 악취저감제, 분뇨부숙제로 사용합니다.
- 농업의 경우 식물 · 동물성 재료를 발효하는 발효제입니다.

발효의 표준을 추구하는 G4000 다기능 발효기

다기능 발효기란?

최첨단 IT기술을 접목하여 각종 식품의 발효와 살균 · 소독 · 건조 기술 등 다목적으로 활용하기 위하여 개발하였으며, 발효의 결과물을 표준화하고 규격화를 추구하면서 누구나 쉽게 발효식품을 재현할 수 있는 다기능의 제품입니다. 다기능 발효기의 핵심은 온도와 시간을 조절하는 것입니다.

특징 및 기능

- 발효기 온도는 60℃까지 통제할 수 있습니다.
- 발효기 시간은 999시간(41일)까지 가능합니다.
- 모든 발효 관련 제품은 다기능 발효기 사용으로 가능합니다.
- 발효기를 가전 제품화하였습니다.

활용

- 발효: 메주, 청국장 등
- 발아: 새싹채소, 각종 종자, 현미 등
- 건조: 각종 채소, 과일, 산채류 등
- 살균: 식기류, 가정용품, 장난감 등

세계인이 찾는 G4000 상표 로고

1 G: Gut(장), Good(좋은), Great(위대한)

– 장에 좋은 위대한 제품을 상징합니다.

2 4000

– 경상남도 사천시(泗川市) 지역명을 의미합니다.

– 사람 장 속에는 4,000여 종의 미생물이 있다는 의미가 있습니다.

3 마이크로바이옴(Microbiome)

– 인간의 몸에 공생하는 미생물 생태계를 말합니다.

– 미생물 유전정보(DNA) 제2게놈이라 합니다.

– 일반적으로 미생물 및 장내 미생물이라고 합니다.

– Microbiome, 해외에서 미생물과 관련된 상표 로고로 인식합니다.

4 오방색: 황(黃), 청(靑), 백(白), 적(赤), 흑(黑)

– 황(黃): 우주의 중심, 고귀한 색으로 취급받고 있습니다.

– 청(靑): 만물을 생성하는 봄을 상징합니다.

– 백(白): 진실, 결백, 삶, 순결을 상징합니다.

– 적(赤): 생성과 창조를 나타냅니다.

– 흑(黑): 지혜를 나타냅니다.

간장 · 된장을 담그는 가정이 해마다 급격히 줄고 있습니다. 가슴 아픈 일입니다.

간장 · 된장에는 대한민국 발효식품을 대표하는 최고의 가치와 정체성이 담겨 있습니다.

우리는 선조들에게 발효라는 엄청난 유산을 물려받았습니다.

자연에 의존하는 발효식품은 국내외 품질 경쟁력에서 우위를 점할 수 없습니다.

복합균과 다기능 발효기를 활용하여 우리 전통식품을 레시피와

매뉴얼만 보아도 각 가정에서 내 손으로 할 수 있는 발효기술을 정리하였습니다.

Part 3

내 손으로 만드는 발효식품

세계 최고의 양념
G4000 메주

작지만 쓰임이 있는 메주 이야기

워낙 오랜 세월을 장과 함께한 민족이다 보니 장과 관련한 속담이 많습니다. "한 고을의 정치는 술맛으로 알고, 한 집안의 일은 장맛으로 안다."라는 속담은 술과 장을 정성껏 빚을 정도면 정치와 생활이 안정되어 있음을 알 수 있다는 뜻입니다. "장 단 집에는 가도 말 단 집에는 가지 마라."는 말도 있듯이 굳이 번지르르한 말(語)과 장을 대비한 건 그만큼 장의 실용성과 실속을 강조하는 것입니다.

김장철에 담근 김치에서 '미친 맛'이 날 때가 있습니다. 이 '미친 맛'은 요리사들이 주로 쓰는 말인데 뭐라 딱 꼬집어 무엇이 잘못되었는지 모르지만, 비린 향에 플라스틱이 섞인 것 같은 묘한 맛이 납니다. 김치를 망치는 요인은 소금, 젓갈, 고춧가루, 액젓, 절임, 후숙 과정 등 무수히 많습니다. 된장도 마찬가지입니다. 오래 공들여 메주를 쑤고 장을 담갔는데 쓴맛이 너무 강하거나 수분이 날아가 딱딱해지면 이 집 된장을 살리기 위해 메주콩을 불리고 찰보리쌀을 죽으로 만들어 섞는데, 여간 번잡한 일이 아닙니다. 집 된장 담그기에 아무나 도전하는 것이 아니라는 말이 괜히 나왔겠습니까.

결국 발효를 예측 가능할 정도로 정량화한 그 무엇이 필요했습니다. 건빵메주는 그렇게 탄생했으며, 사천시 친환경미생물발효연구재단에서 일하고 있는 장상권 팀장이 주인공입니다. 건빵메주의 장점은 장 담그기에서 여실히 드러납니다. 건빵메주는 전통메주보다 5배 정도 작은 300g 정도의 메주이며, 모양이 건빵처럼 생겼다고 해서 붙인 이름입니다. 발효음식에 특별한 관심을 지니고 있던 그는 2016년 경남 양산에서 전통장을 담그는 모습을 보았습니다. 그런데 강사는 전통메주가 아니라 벽돌만 한 크기의 작은 메주를 사용하는 것이 아니겠습니까.

그날 그 작은 메주 20개를 사서 돌아오는 길에 온통 흥분에 휩싸였습니다. 이 작은 메주라면 오랜 수련을 통한 경험과 감으로만 담는 전통장을 혁신할 수 있겠다 싶었습니다. 표준화와 규격화를 통해 현대식 제조도 가능하겠다 판단하였습니다. 무엇보다 작은 항아리에도 들어갈 수 있고 핵가족이 사용하기에도 알맞은 용량이었습니다. 미생물 종균을 사용하는 것과 접맥하면 금상첨화였습니다. 그의 연구는 2016년 가을부터 본격화되었습니다. 과거 사천시농업기술센터에서 발효기를 개발한 경험이 있는 지엘바이오 임정식 대표와 함께 메주 개발에 착수했습니다.

개발할 메주는 2~3인 가구에도 적합하고, 무엇보다 같은 조건에서 같은 발효 효과가 나올 수 있어야 했습니다. 특히 전통메주를 뛰어넘어 미생물 종균을 접종해 더 건강한 메주로 만드는 것이 중요했습니다. 모든 결과는 수치로 입증해 다른 사람들이 사용해도 같은 결과가 나오게 하는 것이 과학적 제조법의 핵심이었습니다. 그 결과 '벽돌메주'라는 이름으로 특허출원 등록을 하였습니다. 제품 개발에는 성공했지만, 이를 소비자가 더 쉽게 구해서 사용할 수 있도록 하는 게 과제였습니다.

2016년, 사천 용현농협의 신재균 조합장이 이 문제를 해결했습니다. 당시 용현농협에선 콩 작목반을 통해 콩을 더 많이 생산하는 일에 관심이 많았습니다. 신 조합장은 2017년 1월부터 이 사업을 본격적으로 전개해 2019년엔 메주 공장을 준공하고 건빵메주와 간장, 된장을 만들어 팔고 있습니다. 건빵메주는 이렇게 탄생했습니다.

전통 메주		G4000 메주
자연발효로 경험과 감에 의존합니다.	→	종균 발효로 표준화, 규격화 가능합니다.
크기가 커 대가족에 적합합니다.	→	작은 크기로 핵가족에 적합합니다.
전통 단지가 필요합니다.	→	생활용 그릇으로도 사용이 가능합니다.
복잡하고 어렵습니다.	→	간편하고 쉽습니다.
품질(맛)이 일정하지 못합니다.	→	품질이 일정합니다.
대중화가 어렵습니다.	→	대중화가 가능합니다.
기후와 기온의 영향력이 큽니다.	→	언제든 담글 수 있습니다.

간장·된장은 면역력(생명)이다

장은 생명이었다

전통사회에서는 장맛이 그해 가족의 입맛을 좌우하고, 잘 담그지 않으면 사람이 죽어 나갔다는 일설이 있습니다. 장을 담글 때나 장을 가를 때도 길일을 택할 만큼 우리 선조들은 간장 · 된장을 소중하게 생각하였고 집안에 우환이 생기면 장독대에서 빌었습니다. 장이 곧 생명이라고 생각하였고 식문화에서 가장 중요하게 여겼던 것이 간장 · 된장이었습니다. 현시대에서 보면 먹거리와 양념이 풍족하지 않았던 시대였기에 장이 잘못되면 가족의 건강에 위협을 받았기 때문입니다.

장 담그는 날 길일을 택하다

우리 선조들은 장을 담글 때 손 없는 날을 택하였는데, 악귀가 없는 날이란 뜻으로 귀신이나 악귀가 돌아다니지 않아 인간에게 해를 끼치지 않는다고 생각했습니다. 동물 중 털이 있는 유모일(有毛日:

말·소·양·토끼·닭)은 재물을 얻는다고 하여 주로 네발 달린 짐승을 택하였으며, 털이 없는 무모일(無毛日: 뱀·용)에는 장을 담그지 않았습니다.

음력 정월에 장을 담그다

음력으로 정월 중에서 우리 전통사회에서는 말날을 최고의 날이라 여겼습니다. 정월장을 담그는 이유는 온도가 낮을 때 담으면 발효된 메주가 당화 속도가 느려 장맛이 좋다고 생각하였고, 염도가 낮아도 장이 쉴 염려가 없었으며, 날이 차가워 벌레(파리)들의 활동이 없어 장에 구더기가 생기지 않기 때문입니다. 또한 벌레가 나오지 않는 달이 없는 그믐날에 장을 담갔고, 장을 담근 뒤 장독에 버선본을 매달아 두는 것은 벌레들이 들어오지 않게 하기 위함이었습니다. 마을에 초상이 날 때는 문상도 피하고 장 가르기는 극구 피하였습니다. 이렇게 전통사회에서는 장 담는 것이 정말 중요한 날이었으며 먹거리와 양념이 풍족하지 않았기 때문에 더욱더 정성을 다해 장 담그기를 하였던 것입니다.

Recipe 1

가족과 함께하는 메주 만들기

준비물

압력밥솥 1개,
면포 1매,
찜기 1개,
메주 틀 1개,
마쇄기 1대,
메주 으깰 용기 1개

재료

콩 3㎏,
G4000 종균 8g

만드는 방법

① 콩을 잘 손질하여 이물질을 골라냅니다.

② 3번 이상 잘 세척합니다.

③ 콩 3kg을 물에 여름철 12시간, 겨울철 24시간 불립니다.

④ 압력밥솥에 찜기를 넣고 면포를 깐 후 불린 콩을 넣고 찝니다.

⑤ 압력밥솥의 추가 돌면 약한 불에서 30분 찝니다.

⑥ 약한 불에서 30분간 찐 후 불을 끄고 30분 뜸을 들입니다.

⑦ 삶은 콩은 40℃ 정도 되게 식힙니다.

⑧ 메주 으깰 용기를 준비합니다.

⑨ 식힌 콩에 G4000 종균 8g을 넣고 고루 섞습니다.

⑩ 마쇄기로 마쇄를 합니다.

⑪ 마쇄한 콩의 무게는 대략 6kg 정도입니다.

⑫ 메주 성형 틀에 마쇄한 콩을 넣어 메주를 만듭니다.

⑬ 만들어진 건빵메주 1개가 600g 정도이며, 10개입니다.

⑭ 구멍을 뚫는 이유는 균일한 발효를 위함입니다.

Recipe 2

메주 띄우기 및 건조하기

준비물

다기능 발효기 1대,

채반 3개,

비닐 6매,

면포 6매

재료

성형한 메주 10개

만드는 방법

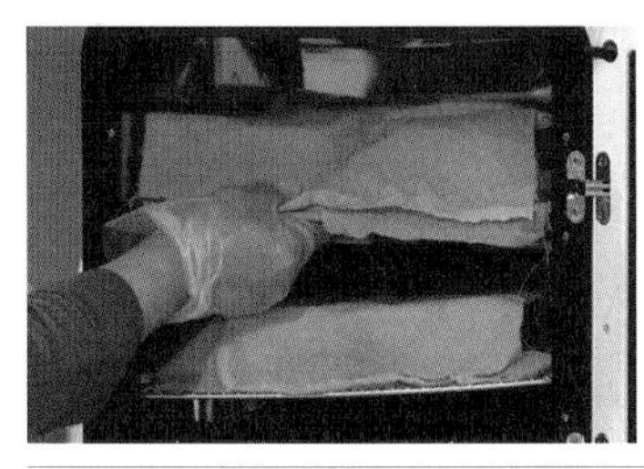

① G4000 다기능 발효기를 이용합니다.

② 접종한 메주는 채반 3개를 활용하여 발효기에 넣습니다.

③ 면포와 비닐을 덮어 습기를 유지합니다.

④ 발효기에 온도 30℃, 시간 120분으로 설정, 발효합니다.

⑤ G4000 발효기를 활용하여 건조합니다.

⑥ 면포와 비닐을 벗겨 채반에 발효된 메주를 올려놓습니다.

⑦ 발효기에 온도는 45℃로 합니다.

⑧ 건조 시간은 120시간으로 설정하여 건조합니다.

※ 자연 건조할 때는 통풍이 잘되는 상온 15℃~25℃에서 하며 가급적 미세먼지가 없는 날을 택하여 건조합니다.

Recipe 3

우리 가정의 양념, 장 담그기

준비물

누름독 16l 용기 1개,

삼베 주머니 1개

재료

메주 3kg(10개),

소금 1.8kg,

물 7l,

황태 150g,

다시마 100g,

고추 3개,

대추 5개,

표고버섯 50g,

숯 50g

장 담그는 방법

① 누름독과 삼베 주머니를 세척합니다.

② 용기에 물 7ℓ를 붓고 소금 1.8㎏을 녹입니다.

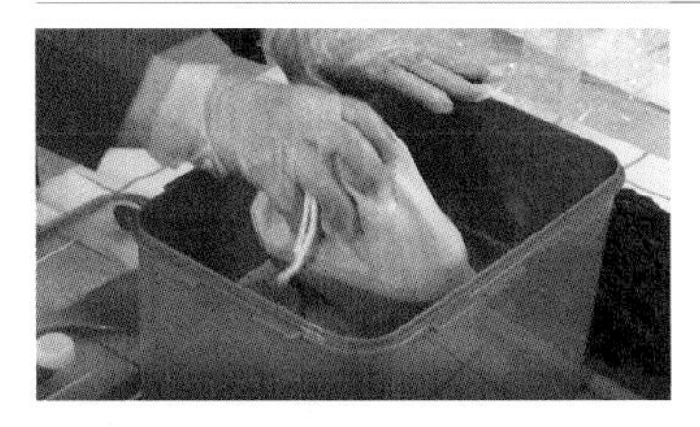

③ 세척한 삼베 주머니에 황태, 고추, 대추, 표고버섯, 숯을 넣고 묶어 줍니다.

④ 재료가 든 삼베 주머니를 누름독 밑에 넣습니다.

⑤ 메주 10개를 차곡차곡 넣습니다.

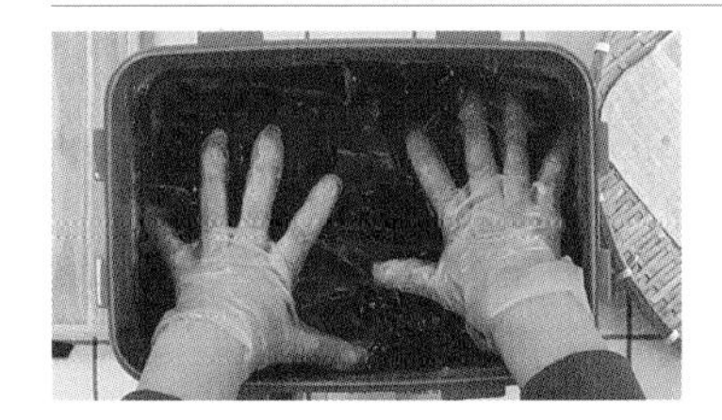

⑥ 다시마를 메주가 보이지 않게 덮어 줍니다.

⑦ 누름판으로 눌러 줍니다.

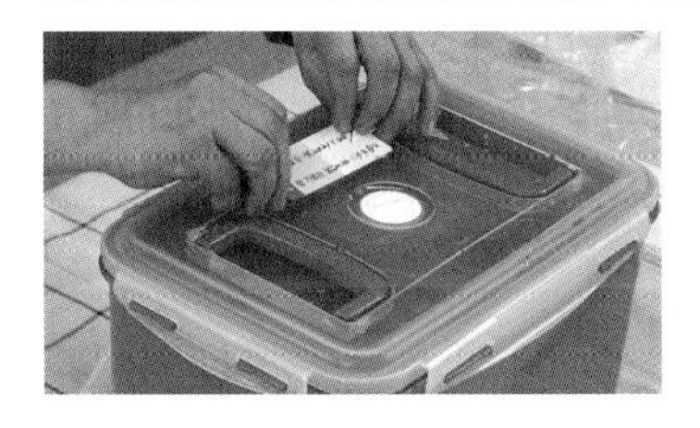

⑧ 장 담근 날, 장 가르는 날을 스티커에 적어 붙여 둡니다.

⑨ 장 담그는 기간은 4개월 정도입니다.

Recipe 4

내 손으로 할 수 있다, 장 가르기

준비물

간장 용기 1개,

된장 용기 1개,

주걱 1개,

채반 1개,

면포 1개

장 가르는 방법

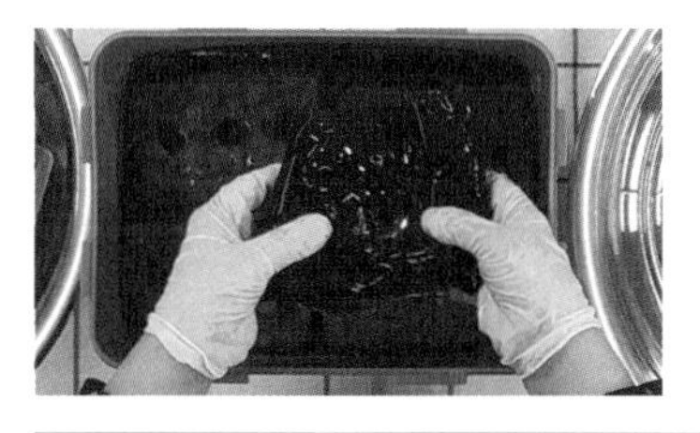

① 장 담근 지 120일경(4개월) 장 가르기를 합니다.

② 된장 · 간장 담을 용기와 으깰 주걱을 별도로 준비합니다.

③ 다시마와 재료가 담긴 주머니를 꺼냅니다.

④ 메주를 분리합니다.

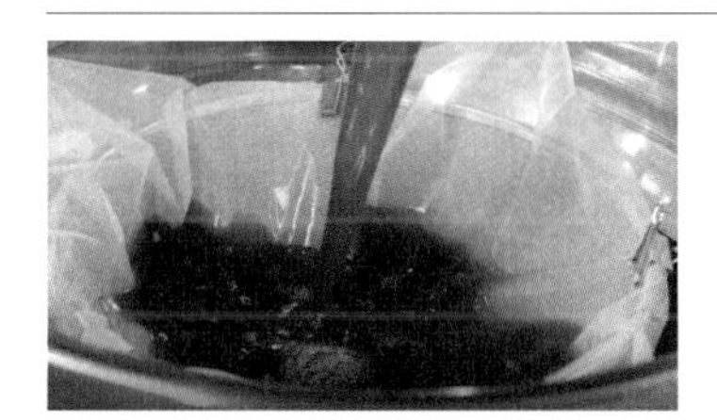

⑤ 간장을 채반과 면포를 활용하여 거릅니다.

⑥ 된장을 주걱으로 으깨어 줍니다.

⑦ 간장은 4~5ℓ 정도 됩니다.

⑧ 된장은 5~6㎏ 정도 됩니다.

⑨ 간장의 염도는 9~10% 정도이며 짜지 않습니다.

⑩ 간장은 끓이지 않아도 됩니다.

⑪ 간장 · 된장이 저염이기 때문에 냉장고에 넣어 숙성시킵니다.

⑫ 숙성이 오래될수록 맛이 좋습니다.

⑬ 상온 숙성은 온도 15~25℃와 그늘에서 합니다.

혈관 청소부
청국장

급성심근경색으로 몇 번의 죽을 고비를 넘긴 경험이 있는 그는 자신을 따라다니는 심근경색, 고혈압, 고지혈증을 줄이기 위해 물도 많이 마시고 꾸준히 운동도 하였습니다. 그래서 최근에 한 건강검진 결과에 나름 기대를 했습니다. 그러나 건강검진 결과에 곧 실망하고 말았습니다. 여전히 고지혈증과 고혈압 수치가 높았기 때문입니다.

어느 날 유튜브 채널에서 그는 자신의 병을 치료할 방법을 찾았다고 말했습니다. 의사가 알려 준 방법은 너무도 간단했다고 합니다. '혈관 속 칼슘을 녹여 주는 비타민 K2를 먹어라!' 의사의 말은 이랬습니다. "청국장에는 비타민 K2가 다량 함유되어 혈관에 침착된 칼슘을 뼈로 돌려보내 주면서 피를 깨끗하게 합니다. 더욱이, 청국장은 몸 속 혈행을 좋게 할 뿐 아니라 에스트로젠과 비슷한 구조를 가진 콩 속의 주요 아이소플라본 중 하나인 제니스테인의 경우, 에스트로젠 베타 리셉터와 결합하여 콜라젠 합성을 증진해 피부를 더 탄력적으로 만들어 줍니다. 또한, 콩 속의 콜린은 치매 예방에도 효과가 있습니다."

죽어 가는 혈관을 되살리는 가장 쉬운 방법, '청국장'이 답이었습니다.

콩의 원산지

세계는 콩의 원산지를 우리의 옛 땅인 만주라 기록하고 있지만, 정확히는 우리나라입니다. 원산지의 설정 기준이 되는 야생종 콩의 분포가 한반도에 가장 많다는 사실이 이를 증명하기도 합니다. 또한 북한에 북쪽으로 흐르는 강을 두만강(豆滿江)이라 하는데 두만강의 두(豆)가 콩 두 자인 것으로 볼 때, 우리나라가 원산지라 추론할 수 있습니다.

청국장의 유래

청국장이 우리나라 문헌에 처음 등장한 것은 조선 중기로, 『산림경제』와 『증보산림경제』에 기록된 '전국장(戰國醬)'입니다. 청국장을 일컫는 말은 책마다 조금씩 다른데, 『오주연문장전산고』에는 '전국장'으로, 『규합총서』에는 '청육장(淸肉醬)'으로 기록되어 있습니다. 지역에 따라서는 담북장이라고 부르기도 합니다. 청국장의 유래에 대해서는 여러 가지 설이 있는데, 두 장류의 가장 초기적인 형태인 시(豉)에서 유래되었다는 설과 17세기 병자호란 때 청나라 군대의 식량으로 쓰이던 장이 유입되어 이때부터 청국장(또는 전국장)이라고 부르게 되었다는 설이 있습니다. 청국장은 영양분이 많고 소화가 잘되는 식품이며, 미생물 종균을 활용하여 발효시키면 하루 만에 만들어 먹을 수 있습니다.

『조서무쌍신식요리제법』에는 청국장 띄운 것을 온돌이나 볕에 말려 종이 주머니에 담아 두고 때때로 꺼내 끓여 먹는다고 나와 있습니다. 병자호란 당시 청나라 군인이 군량으로 사용할 콩을 말 안장에 얹어서 오다가 발효되어 청국장이 되었다는 설도 있는데, 이 청국장이 군량으로 쓰여서 '전국장(戰國醬)'이라고도 하고 '청육장'이라고도 불렸습니다. 일본의 규슈나 관서지방에서 즐겨 먹는 낫토 역시 콩 발효음식인데, 낫토를 젓가락으로 휘저어 진이 생기면 생달걀과 간장을 넣고 밥과 함께 먹었습니다.

청국장은 무르게 익힌 콩을 뜨거운 곳에서 납두균이 생기도록 발효시켜 양념한 장입니다. 여기서 납두균(納豆菌)은 대두(大豆)가 끈적끈적하게 발효된 '납두'를 만드는 주요 균입니다. 된장은 발효해서 먹기까지 몇 달을 기다려야 하는 데다 무엇보다 맛이 강한 편이지만, 청국장은 담근 지 2~3일이면 먹을 수 있고 무엇보다 콩을 통째로 발효시켜 영양 손실이 적습니다. 남쪽 지방(삼남 지방)에서 특히 많이 만들어 먹다 점차 서울까지 전파되었고, 충남 당진 등지에선 '퉁퉁장'이라고 햇콩으로 쑨 메주에 마늘, 소금, 고춧가루를 섞어 찧어 찌개처럼 끓여 먹습니다.

청국장의 끈적끈적한 점질물은 프락탄과 폴리글루타메이트로 발효 중에 아밀라아제와 프로테아제에 의하여 생성됩니다. 이 점질물은 분자량이 적을수록 흡수율이 높습니다. 청국장 발효 미생물은 150℃에서도 견뎌 내는 내열성 균으로, 불에 조리해도 살아남아 대장에서 숙변을 제거하며 장내 각종 질환을 예방합니다. 청국장에는 제니스테인이라는 식물성 여성호르몬이 풍부합니다. 폐경기는 여성의 출산 의무가 소실되는 시기로 체내 여성호르몬의 생성량이 감소해 남성화가 시작되며, 남성보다 여성이 청국장을 선호하는 것은 부족한 여성호르몬을 보충하고자 하는 생리적 욕구입니다. 또 임산부가 되면 칼슘의 요구량이 2~3배로 높아지는데 이렇듯 청국장의 청국(淸國)은 글자 그대로 국민의 건강을 지킴으로써 맑고 깨끗한 나라가 되게 하는 우리 고유의 전통 식품입니다. 청국장과 낫토의 차이는 마치 자연산과 양식산에 비유된다고 보면 됩니다.

낫토(Natto)

낫토는 1987년 일본 히로유키 스미 박사가 개발한 것으로, 일본식 청국장이라고 할 수 있습니다. 납두균은 호기성 세균이며 성질은 고초균에 가깝습니다. 낫토의 흰 실은 키나아제(Kinase)라 하는데 혈전을 용해하는 특이성을 가진 촉매 효소이며, 의약품으로 개발된 유로키나아제에 비해 부작용이 없다고 합니다. 낫토는 단균으로 효능의 다양성은 청국장에 훨씬 미치지 못하나 혈전을 용해하는 특이성으로 세계인들이 찾는 건강식품으로 널리 알려져 있습니다.

청국장의 효능

콩 자체와 청국장을 발효할 때 생기는 점질물에서 다양한 효능이 나옵니다.

– 혈전을 막아 줍니다.

– 고혈압을 예방할 수 있습니다.

- 지방이 산화되는 것을 막아 줍니다(항산화 물질 함유).
- 항암, 항돌연변이를 예방할 수 있습니다.

※ 이소플라본(Isoflavone) 성분

이소플라본은 콩에 있는 식물성 에스트로겐입니다. 여성호르몬과 분자구조도 비슷할 뿐 아니라 사람 몸에서의 효능도 유사합니다. 이소플라본은 유방암 예방에 효능이 있는 것으로 밝혀졌는데, 전립선암과 대장암, 심혈관 질환, 폐경기 증후군의 예방에 도움을 줍니다. 주로 청국장, 된장, 두부, 연두부와 같은 콩류 식품을 자주 섭취하는 것이 좋습니다.

청국장의 제조 원리

- 청국장은 배양균을 첨가하면 2일 만에 만들어 먹을 수 있는 영양분이 많고 소화가 잘되는 식품입니다.
- G4000 프로바이오틱스를 넣으면 청국장을 22시간 만에 완성할 수 있습니다.
- 자연 발효 청국장은 볏짚을 넣고 보온하여 띄운 것으로, 고초균(Bacillus subtilis)이 증식하면서 끈끈한 점성의 발효 물질을 생성합니다.
- 잘 발효된 청국장에 기호에 맞게 고춧가루, 소금, 마늘, 고추 등을 첨가하여 먹을 수 있습니다.

Recipe 1

냄새 없는 청국장

준비물	재료
압력솥,	콩 500g,
발효기 1대,	물 2l,
청국장 띄울 용기 1개	G4000 종균 4g

만드는 방법

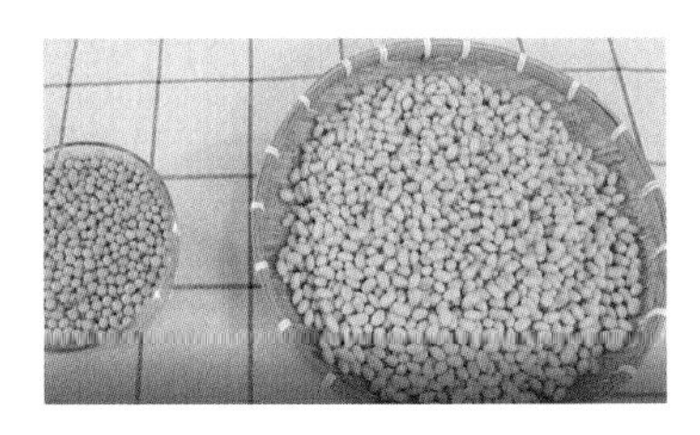

① 벌레 먹은 것, 상한 것 등 이물질을 골라냅니다.

② 콩을 3번 정도 잘 씻습니다.

③ 여름철 12시간, 겨울철 24시간 콩을 불립니다.

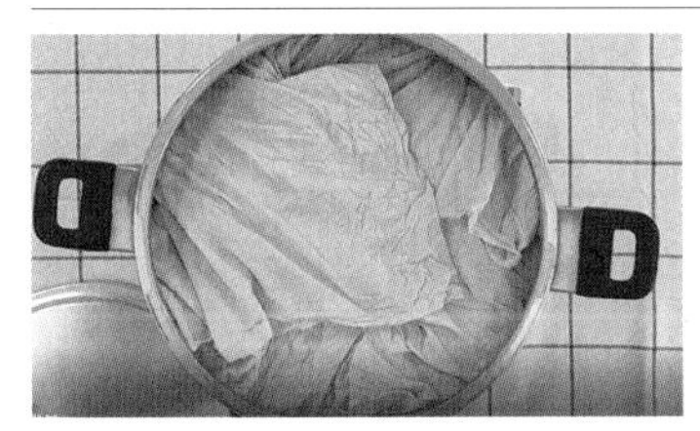

④ 압력솥에 물을 붓고 삶습니다.

⑤ 강한 불에서 5분 추가 돌면 약한 불에서 35분간 삶습니다.

⑥ 삶은 콩의 온도가 60~70℃ 정도 되게 식힙니다.

⑦ 60~70℃ 콩에 G4000 종균 4g을 넣어 접종시킵니다.

⑧ 청국장의 발효 온도는 40~45℃입니다.

⑨ 청국장을 발효할 때는 전열 기구를 사용하여 발효 온도를 설정합니다.

⑩ 발효기를 사용할 경우 40℃에서 24시간 발효합니다.

※ 자연환경에서 발효할 경우 40℃에서 3~5일간 발효합니다.

⑪ 완성된 청국장은 냉장고에 넣어 활용합니다.

내 몸을
해독(Detox)하는 동아

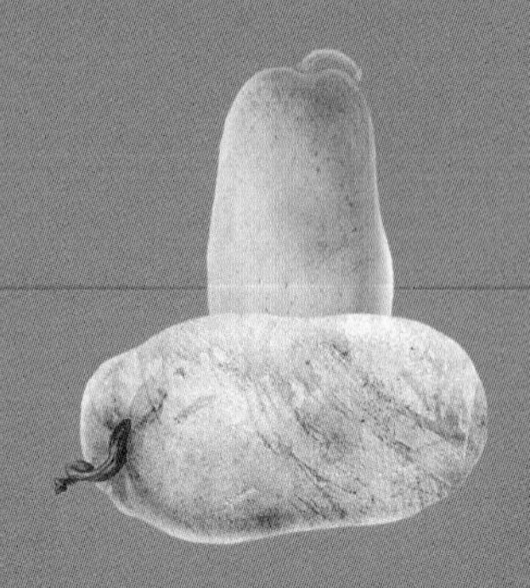

전래 동화에 동아줄을 타고 하늘을 오르는 오누이가 생명을 구원받는 이야기가 있습니다. 또한, 꿈에서 하늘에서 내려온 동아줄을 잡는다면 사회적 신분이 상승하고 출세하는 것으로 해석합니다. 동아줄과 더 나은 삶은 어떤 연관이 있을까요?

사실, 딱딱하고 굵은 동아줄을 잡고서 하늘을 오르는 일은 절대 만만치 않습니다. 누구에게나 주어진 하루의 시간은 같습니다. 마음먹은 대로 매일 행동하지 않으면 목표에서 점점 멀어질 수 있습니다. 폴 부르제는 말합니다. "생각하는 대로 살아야 한다. 그렇지 않으면 결국 사는 대로 생각하게 될 것이다." 어쩌면 동아줄을 잡았다는 것을 현대적으로 해석한다면, 동아줄 잡는 심정으로 오늘도 현재에 최선을 다하라는 뜻이 아닐는지요.

문헌에 따르면 이순신 장군이 병사들의 갈증 해소와 영양 공급을 위해 동아를 사용하였다고 합니다. 동아는 아미노산이 풍부한 고단백 식물로 가용성 식이섬유를 함유하고 있어 지방의 체내 흡수율을 낮추고, 혈중 콜레스테롤 수치를 감소시켜 주는 효과가 있습니다. 또한, 소화력을 향상하고 배변량을 늘려 주어 변비와 숙변 제거에 도움이 됩니다.

동아에는 비타민 B1, B3, C 성분이 풍부한데, 특히 비타민 C를 꾸준히 섭취하면 뇌졸중 위험이 40% 감소한다는 연구 보고가 있습니다. 비타민 C가 풍부한 동아를 장복하여 뇌졸중의 위험을 줄이는 데 도움이 되고, 마그네슘과 구리, 망간, 인, 철, 아연, 나트륨, 셀레늄, 칼륨과 같은 미네랄 성분이 풍부하게 함유되어 있으며 그 외에도 수은 중독을 치료하는 데 효능이 있습니다. 이렇듯 동아는 우리 몸의 의사가 되어 줄 수 있는 고마운 식물입니다.

식품의 감초 동아 이야기

동아의 원산지

동아의 원산지는 인도 및 중국 남부지방으로 추정하고 있으며, 동아는 영명으로 왁스 고드(Wax grurd), 윈터 멜론(Winter melon)이라고도 합니다. 중국에서는 설날이 시작되는 시기에 요리해 먹는다고 해서 '동구아(동과 · 冬瓜)'라고도 하며 인도에서는 '쿠스만다', 태국에서는 '팍키아오', 베트남에서는 '비다오'라고 부르고 있으며, 특히 동남아시아 지방에서는 동아를 즐겨 먹는 채소로 이용하고 있습니다.

동아의 재배

우리나라에서는 조선 시대에 동아를 재배하였다는 기록이 있으며, 『향약채취월령』, 『동의보감』 등에 수록되어 있습니다. 동아는 1950년 이전에는 재배를 많이 하였으나 6 · 25 이후로는 재배가 급격히 줄었습니다. 옛날에는 통통한 여성이 미인의 척도였는데, 먹거리가 부족했던 6 · 25 이후 동아를 먹으면 살이 빠지기 때문에 동아 재배가 줄어든 원인이 되었다고 합니다. 요즘 다시 동아가 주목을 받는 이유는 다이어트에 효과적이기 때문입니다.

동아의 효능

동아는 혈당과 지질대사 개선, 기침, 천식에 효과적이며 동아에 들어 있는 사포닌은 기관지 질환 완화에 도움을 준다고 합니다. 동아는 부종이 심한 환자에게 약제로 쓰인다고 합니다. 특히 출산 후 부종 완화를 위해 민간요법으로 호박을 쓰는 경우가 있는데, 동아가 호박 못지않게 부기를 빼는 데 도움을 준다고 합니다. 또한 지방세포 활성을 억제하고 분해를 촉진하여 체지방 축적을 감소시키기 때문에 다이어트에 효과적이고, 생선회를 먹고 탈이 났을 때 독을 없애 주며 수박과 같이 이뇨 작용을 촉진하여 몸 안의 열기를 식혀 주는 역할을 합니다.

동아의 활용

동아는 껍질, 과육, 종자, 뿌리를 모두 활용하므로 버릴 것이 없는 채소입니다. 껍질은 말려서 달여 먹으면 이뇨제나 해열제로 쓰이며, 동아 껍질의 흰 분을 말려서 가루로 내어 작물 주위에 뿌리면 벌레가 오지 않는다고 합니다. 과육은 수프, 각종 탕류 착즙 및 중탕하여 식품의 베이스로 활용되고 있으며, 임진왜란 때 조선 수군의 음료수로 조달되었다는 기록도 있습니다. 가정의 상비약으로서 변비 개선, 과육을 얇게 썰어 화상 치료에 사용하였으며, 특히 동아씨는 지혈작용, 조현병(정신 분열), 기억 증진에 도움이 되고 마그네슘이 다량 들어 있습니다. 그리고 뿌리는 말려 가루를 내어 천식 치료에 쓰입니다.

동아 재배의 이점

동아를 재배하는 데는 특별한 기술을 요구하지 않으며, 토질을 가리지 않고 논 · 밭 · 과수원 등에서 물 빠짐이 좋으면 재배가 잘되고 병충해가 거의 없어 멧돼지 · 고라니 등 야생동물의 피해가 적어 친환경농산물 생산이 가능한 작물입니다.

동아 재배, 한국을 대표하는 사천

사천시는 2011년 농촌진흥청에서 동아 종자를 분양받아 재배한 것이 인연이 되어 2013년 전국 박과 채소 선발대회에서 93.5kg 동아를 생산하여 박과 채소 챔피언 선발대회에서 대상을 시작으로 7년 연속 동아 부분에서 수상함으로써 한국을 대표하는 동아 재배 지역으로서 명성을 유지하고 있습니다.

Recipe 1

5분이면 만드는 동아 고추장

준비물

고추장 담을 5ℓ 용기 1개,

주걱 1개

재료

고운 고춧가루 300g,

쌀 조청 500g,

G4000 락토 간장 300㎖,

발효 곡물가루 200g,

동아 추출액 600㎖,

G4000 종균 2g

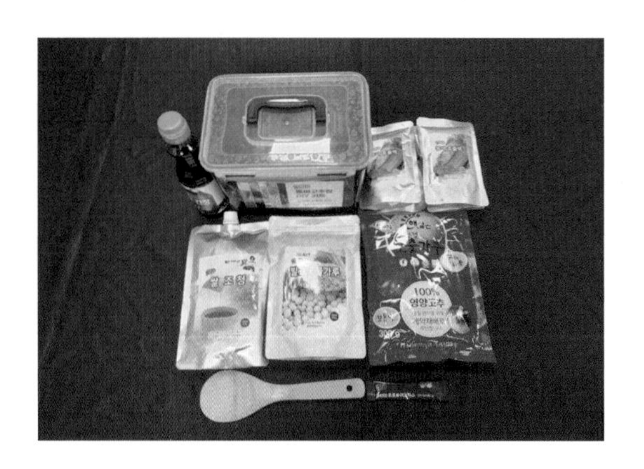

만드는 방법

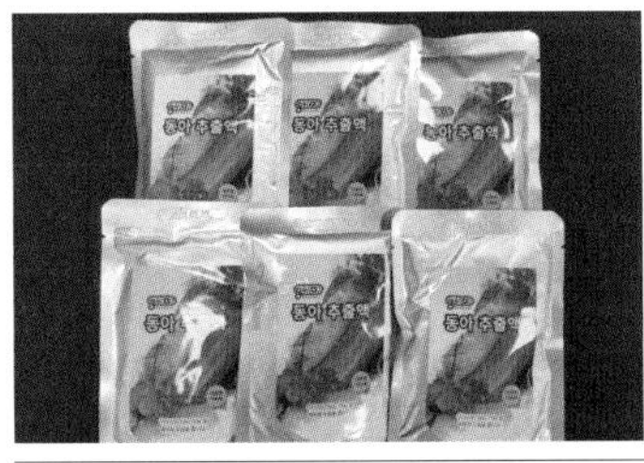

① 동아 추출액 600㎖를 넣고 조청을 잘 녹입니다.

② 용기에 쌀 조청 500g을 넣습니다.

③ 발효 곡물가루 200g을 넣고 잘 섞이게 저어 줍니다.

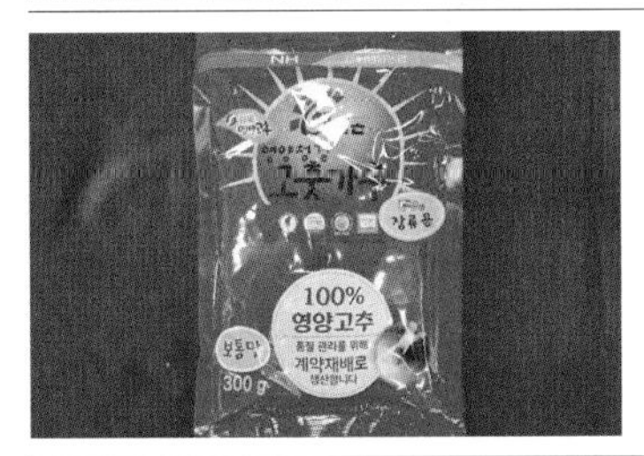

④ 충분히 섞인 곡물가루에 고운 고춧가루 300g을 넣고 잘 섞어 줍니다.

⑤ G4000 락토 간장 300㎖를 넣고 잘 섞어 줍니다.

⑥ G4000 종균 2g을 넣고 잘 섞어 줍니다.

⑦ 완성된 고추장은 용기에 넣습니다.

⑧ 고추장은 1.9㎏ 정도 됩니다.

⑨ 만들어진 고추장은 상온(20~25℃)에서 3~5일 숙성시킵니다.

⑩ 숙성된 고추장은 냉장고에 보관하여 사용합니다.

장아찌와
피클과의 동행

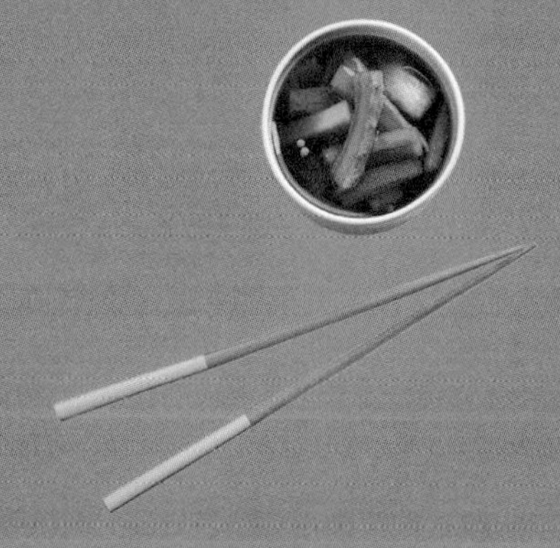

왜 피클
장아찌인가

장아찌는 우리 민족의 대표적인 저장 음식입니다. 장을 뜻하는 '장아'와 간에 절인 채소를 뜻하는 '디히'가 합쳐져 장아찌라는 말로 사용되었습니다. 상고 시대부터 음식의 기록이 있으며 제철 채소를 장에 담가 오래 저장했다가 나중에 해당 재료가 나지 않는 철에 꺼내 먹었다고 합니다. 그래서 철마다 담글 수 있는 장아찌의 종류가 다양하고 지역에 따라 차이가 있습니다.

더덕, 배춧속, 배춧잎, 산초, 속대, 순무, 연무, 고사리, 곰취, 도라지, 두릅, 송이, 고추, 고춧잎, 깻잎, 콩잎, 마늘쫑, 머위, 초피, 콩나물, 표고, 호두, 당귀 가죽, 마른오징어, 무말랭이, 미역 줄기, 양파, 참외, 초피잎, 파래, 고들빼기, 김, 매실, 두부, 전복, 모자반 등 2천여 종이 넘습니다. 이렇게 장아찌의 종류만 봐도 우리나라의 산간과 갯벌에서 흔히 나는 음식의 재료를 확인할 수 있을 정도입니다.

재료가 부족했던 서민들은 고추와 오이 같은 것을 그냥 된장과 고추장에 넣어 두었다가 먹기도 했으며, 특히 겨울철에 먹는 장아찌는 김치와 더불어 훌륭한 비타민 공급원이 되어 주었습니다. 어떤 채소로 장아찌를 담그냐에 따라 효능이 다르겠지만, 주로 비타민 A · B · C와 칼슘, 철분을 기본으로 변비에 좋고, 항산화 작용을 하고 성인병 예방에도 좋습니다. 단, 너무 많이 먹으면 나트륨 섭취량이 증가해 건강에 해로우니 적정량을 먹을 수 있도록 주의가 필요합니다.

Recipe 1

만능 피클 장아찌 육수

준비물

냄비 1개,
가스버너 1개,
칼 1개,
도마 1개,
오븐 1개

재료

물 5l,
건조 동아 25g,
황태 50g,
멸치 50g,
다시마 50g,
표고버섯 25g,
대파 100g,
양파 100g,
무 100g,
생강 25g,
우엉 25g,
당근 100g,
양배추 50g,
천일염 60g

만드는 방법

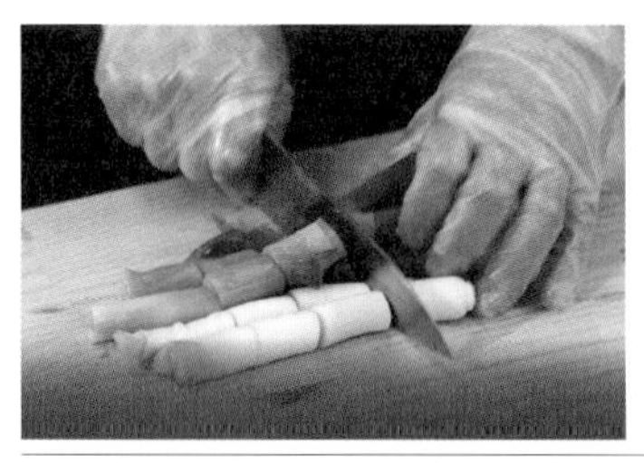

① 재료를 잘 세척하여 사용합니다.

② 재료는 껍질째 사용하고 일정한 크기로 썰어 줍니다.

③ 육수가 끓으면 다시 약한 불에 20분간 끓입니다.

④ 불을 끄고 10분간 뚜껑을 덮은 채로 둡니다.

⑤ 육수와 건더기를 분리합니다.

⑥ 육수는 냉장고에 보관하여 사용합니다.

⑦ 육수 건더기는 건조한 후 분쇄하여 양념 재료로 활용합니다.

Recipe 2

가정의 필수품, 피클 장아찌 절임장

준비물

절임장 희석 그릇 1개,

주걱 1개,

국자 1개

재료

육수 1ℓ,

G4000 락토 간장 100㎖,

현미 식초 100㎖,

설탕 120g,

깐마늘 5쪽,

홍고추 3개,

소금 30g,

G4000 종균 2g

만드는 방법

① 절임장 희석 용기에 육수 1ℓ를 붓습니다.

② 육수에 설탕 120g, 소금 30g을 넣습니다.

③ G4000 락토 간장 100㎖, 현미식초 100㎖를 넣습니다.

④ G4000 송균 2g을 넣고 저어 줍니다.

⑤ 절임장의 전체량은 대략 1.4ℓ 정도 됩니다.

생명의 채소
사천 풋마늘

와룡산에 둘러싸여 펼쳐진 논과 밭에서 찬바람과 눈비를 맞으면서 한겨울을 나고 있는 생명의 채소인 사천 풋마늘이 있습니다. 150년 이전부터 사천 남양 해안지역을 중심으로 재배되어 오면서 자연환경에 맞는 품종으로 고정화되었습니다. 1960년경 이전부터 열차를 이용하여 인근 진주 지역에 판매되어 가정마다 조금씩 재배되었습니다. 2005년 사천시농업기술센터에서 풋마늘의 우수성을 체계화시키면서 세상에 알려졌습니다.

풋마늘은 '아직 덜 여문 마늘'이라는 뜻으로 덜 여문 마늘의 잎과 줄기, 뿌리 등을 식용으로 사용하여 요즘 미식가들이 즐겨 찾는 베이비(baby) 채소라 할 수 있습니다. 사천 풋마늘의 특징은 뿌리 부분이 희고 길며, 줄기는 붉은색이 선명하게 나타나면서 절간이 짧고 조직 또한 부드럽고 매운맛이 강하지 않다는 것으로, 인근 지역과 차별화되는 부분입니다. 따뜻한 해안을 끼고 해풍을 맞고 자란 풋마늘은 겨우내 땅의 기운을 받아 생명의 채소로 탄생하여 우리 몸에 기를 불어넣습니다.

겨울채는 엄동설한 남도의 끝자락에 있는 사천 지역의 우수 농산물입니다. '뿌리째 먹는 풋마늘'이라는 브랜드로 청결함, 신선함, 풋마늘 전체를 식용할 수 있는 이미지를 부각해 인근 지역과 차별화 및 차등화에 성공한 작물입니다. 2010년 11월 8일 사천 풋마늘이 지리적 표시제 제72호에 등록되어 전국에서 72번째, 경남으로는 6번째로 등록되었습니다. 이렇게 사천 풋마늘은 우리 주위의 많은 사람에게 알려진 생명의 채소입니다.

Recipe 3

생명의 채소, 사천 풋마늘 피클 장아찌

준비물

장아찌 담을 그릇 5l 1개

재료

절임장 1.4l,

풋마늘 1kg,

깐마늘 5쪽,

홍고추 3개

만드는 방법

① 풋마늘을 뿌리, 잎 부분을 다듬어 약 20㎝ 크기로 자릅니다.

② 용기에 들어갈 수 있도록 하는 것이 좋습니다.

③ 풋마늘을 용기에 담습니다.

④ 절임장 1.4ℓ를 풋마늘 용기에 붓습니다.

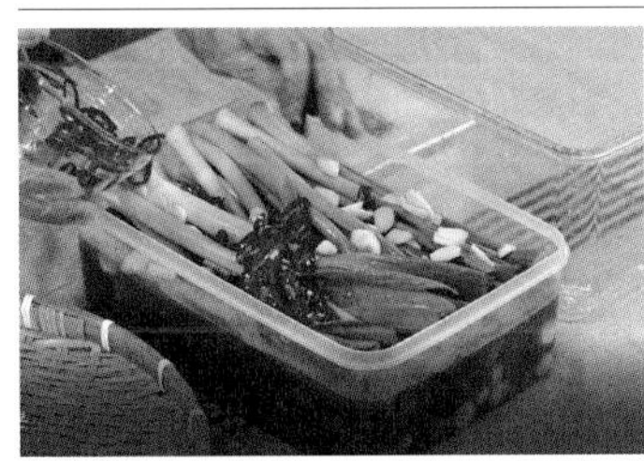

⑤ 깐마늘 5쪽, 홍고추 3개를 썰어 풋마늘 위에 놓아 줍니다.

⑥ 풋마늘 피클은 담근 지 1일 후 뒤집어 줍니다.

⑦ 상온에서 2~3일 숙성 및 발효를 시킵니다.

⑧ 숙성된 풋마늘 피클 장아찌는 냉장고에 넣어 두고 먹습니다.

Recipe 4

골다공증에 도움이 되는 깻잎 피클 장아찌

깻잎장아찌를 무척 좋아하는 나는 깻잎을 정성스레 한 장 한 장 손질하다 가끔 피식거리며 옛 추억을 떠올립니다. 중학교 2학년 때의 일입니다. 그때는 먹성이 왕성해 점심시간까지 기다리는 건 고통이었습니다. 그날도 어김없이 2교시에 도시락 뚜껑을 열었습니다. 반찬은 된장과 깻잎 그리고 달걀부침. 수업은 영어 시간입니다. 당시 영어 선생님은 캐나다인이었는데, 순둥순둥한 남자 선생님이 마냥 편했습니다. 영어책으로 앞을 가리고 깻잎이 든 봉지를 대범하게 책상에 올렸습니다.

수업 시간에 먹는 밥은 짜릿한 긴장감이 주는 맛에 식욕이 더 당깁니다. 깻잎에 밥을 올리고 된장을 살짝 얹은 다음 입안으로 투척, 성공입니다. 깻잎 특유의 향이 입안 가득 맴돌고 기분이 좋습니다. 다시 한번 입을 크게 벌리는데, 교실 안이 술렁거립니다. 싸한 느낌에 고개를 들었더니 아뿔싸! 영어 선생님이 그 모습을 지켜보고 있었습니다. 손에 든 깻잎쌈을 감춘다는 것이 급하게 입안으로 밀어 넣습니다. 씹지도 못하고 정지 상태로 있는 나를 향해 선생님의 손이 다가옵니다.

순간 꿀밤이라도 때리려나 싶어 눈을 찔끔거리고 있는데, 선생님의 호기심 가득한 목소리가 들립니다. “이게 뭐야?” 선생님은 깻잎이 신기한지 이리저리 살피시더니 말씀하십니다. “이거 내가 가져가도 돼?” 그렇게 선생님은 나의 반찬 깻잎을 소중한 듯 몇 장 챙기셨습니다. 그리고 1년 후, 영어 선생님은 한국을 떠나시기 전 나에게 선물을 주셨습니다. 곱게 말린 깻잎에 코팅을 입힌 책갈피를.

준비물

용기 2ℓ

재료

깻잎 1kg,

육수 1,000㎖,

간장 100㎖,

현미 식초 100㎖,

설탕 120g,

소금 30g,

깐마늘 5쪽,

홍고추 3개,

G4000 종균 2g

만드는 방법

① 깻잎을 씻은 후 물을 뺍니다.

② 육수 1,000㎖, 간장 100㎖, 현미 식초 100㎖, 설탕 120g, 소금 30g, 깐마늘 5쪽, 홍고추 3개, G4000 종균 2g을 넣고 소금과 설탕이 녹을 때까지 저어 줍니다.

③ 용기에 깻잎을 넣습니다.

④ 절임장을 붓고 눌러 줍니다.

⑤ 담근 지 5~6시간 후 뒤집어 줍니다.

⑥ 상온에서 12시간 숙성시킨 후 냉장고에 넣어 두고 먹습니다.

내 몸을 해독하는 매실

'밤하늘 등대처럼 아주 밝게 타들어 가는 달님의 노래에 흥에 겨운 매화는 또 얼마나 꽃망울을 터뜨리려나. 달빛 받은 매화의 오묘한 빛깔에 별은 순결한 침묵으로 반짝 답하는구나.' 한평생 춥게 살아도 향기를 팔지 않는다는 매화. 열매 맺는 것들은 이 밤, 뜨겁게 꽃을 피웁니다. 매화를 유난히 사랑했던 이황은 죽기 전 유인의 말을 남깁니다. "매화에 물을 주어라." 매화는 꽃으로 정을 주고 열매로 건강을 주니 참 고마운 식물입니다.

매실은 대표적인 여름 약용 식품입니다. 『동의보감』은 매실의 효능에 대해 극찬하고 있습니다. 매실은 맛이 시고 독이 없고 기를 내리고 가슴앓이를 없앨 뿐 아니라 마음을 편하게 하고, 갈증과 설사를 멈추게 하고 근육과 맥박이 활기를 찾게 한다고 기록하고 있습니다. 삼국시대에는 정원의 관상용으로 키웠다는 기록이 있고, 고려 시대부터는 약재로 이용하기 시작했습니다.

실제로 매실은 대표적인 알칼리 식품으로 산성화된 현대인의 성인병 예방에 좋습니다. 살균과 해독, 항균 작용을 하여 음식물의 독, 핏속의 독, 물의 독, 이렇게 소위 3독을 없앤다고도 합니다. 장과 간에 좋고 빈혈과 변비에도 아주 효과적입니다. 『동의보감』에는 매실에 독이 없다고 했지만, 실제 다 여물기 전의 연두색 매실에는 독성이 있습니다. 절기와 관련해선 보리는 망종(芒種) 전에 베고, 매실은 망종 이후에 거둬 먹으라고 합니다. 이때 망종은 양력으로 6월 5~6일 무렵입니다.

시중에 유통할 때 완숙 전의 청매로 출하되는데, 이때 모습이 살구와 흡사해 살구 어린것이나 매실 교잡종 살구가 섞이기도 하는데 이 경우 주스나 장아찌로 활용이 어렵습니다. 외양은 비슷해 보여도 속을 갈라 씨를 보면 금방 판별이 가능합니다. 매실의 핵에는 바늘구멍 같은 것이 나 있고, 살구는 그것이 없으며 끝이 뾰족한 것이 매실이고, 완만한 것이 살구입니다.

Recipe 5

내 몸을 해독하는 매실 피클 장아찌

준비물	재료	
용기 3ℓ	매실 1㎏,	설탕 160g,
	육수 1,000㎖,	깐마늘 5쪽,
	간장 50㎖,	건고추 2개,
	소금 30g,	G4000 종균 2g

만드는 방법

① 매실 씨를 분리합니다.

② 분리한 매실을 설탕이나 소금으로 신맛을 빼 줍니다.

③ 신맛을 줄인 매실을 용기에 넣습니다.

④ 육수 1,000㎖에 간장 50㎖, 현미 식초 50㎖, 설탕 160g, 소금 30g, 깐마늘 5쪽, 홍고추 2개, G4000 종균 2g을 넣고 소금과 설탕이 녹을 때까지 저어 줍니다.

⑤ 절임장을 매실이 담긴 용기에 붓습니다.

⑥ 상온에서 2~3일간 숙성시킨 후 냉장고에 넣어 놓고 먹습니다.

틀림없이
맛있는 김치

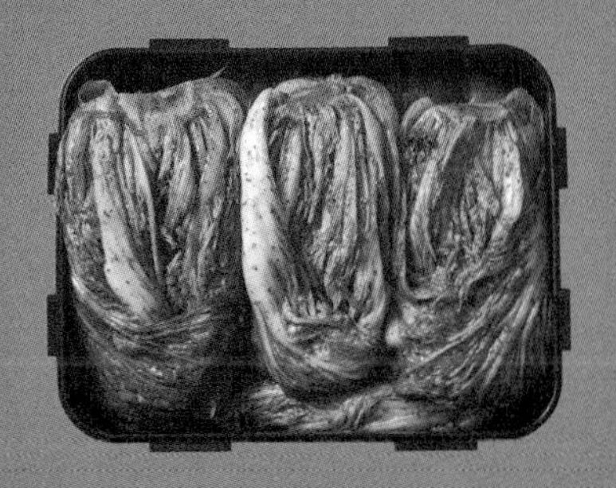

옛말에 "열무김치 맛도 안 들어서 군둥내(군내)부터 난다."라는 말이 있는데, 어린 사람이 건방을 떨 때 하는 말입니다. 열무란 명칭은 '어린 무'에서 유래했으며 영어명 역시 'Young leafy radish'입니다. 배추와 달리 한 해에도 여러 번 재배가 가능하고 봄가을엔 40일, 여름엔 25일 전후인데 열무가 워낙 더위에 약해 여름 재배를 꺼리는 이들도 있습니다. 서구에선 잎을 주로 소비하는 데 반해, 한국에선 김장 문화로 인해 잎과 뿌리 모두를 먹습니다. 특히 어린 열무는 연하고 맛이 좋으며 비타민 A, B, C가 모두 풍부하고 인삼 성분인 사포닌도 있어 혈중 콜레스테롤 조절에도 좋습니다. 여름에 원기가 떨어졌을 때도 효능이 있습니다.

얼갈이는 배춧속이 차기 전에 수확한 배추를 말합니다. 봄배추의 경우 얼었다 녹기를 반복하기에 여린 봄배추를 지칭하는 말로 얼갈이라 불렀다는 설도 있고, 이른 봄에 언 땅을 대충 갈라 심는 배추라 얼갈이라 불렀다는 설도 전해집니다. 하지만 요즘에는 겨울에도 강한 품종이 나와 늦가을 또는 겨울에 씨를 뿌려 이른 봄에 수확하게 됩니다. 얼갈이는 된장을 풀어 얼갈이 된장국을 만들어 먹기도 하고, 열무로 김치를 담글 때 함께 넣기도 합니다.

2015년 미국 타임스지에 '당신을 행복하게 만들어 주는 식품 6가지' 중 하나로, 2017년 영국 가디언에 '5대 슈퍼 푸드' 중 하나로 당당히 이름을 올린 음식 '김치'. '김치'에는 어떤 효능이 있기에 세계가 뜨겁게 환호할까요?

먼저 항암 효과입니다. 배추에 들어 있는 인돌-3-카비놀, 이소사이오시아네이트, 마늘의 알릴설파이드 등이 항암 성분이라고 합니다. 마늘이나 생강에 들어 있는 염증 억제 성분은 가공식품의 발암 성분을 상쇄하며, 김치의 발효 과정에서 생기는 젖산균은 소화를 돕고 장을 깨끗이 해 줍니다. 김치에 들어가는 고추의 매운맛 성분인 캡사이신이 지방의 분해와 연소를 돕고, 김치의 식이섬유는 포만감을 주며 배설을 돕습니다. 김치는 아토피 피부염이나 천식, 비염 등 알레르기 질환 예방과 칼슘, 인, 철분이 풍부해 빈혈에 도움이 됩니다. 김치에 들어가는 마늘에는 셀레늄과 알리신이 풍부해 콜레스테롤 수치를 낮추고 심장 질환의 위험을 줄입니다.

이렇게 나열하고 보니 김치는 좋은 점이 아주 많습니다. 더욱이 맛도 좋으니 어느 노래 가사처럼, "김치 없인 못 살아, 정말 못 살아"!

Recipe 1

기억력 일깨우는 열무물김치

기본 재료

열무 1㎏,

김치풀 400㎖,

동아 추출액 100㎖,

멸치액젓 100㎖,

홍고추 100g,

통마늘 50g,

양파 200g,

G4000 종균 2g

절임 열무

정제수 1.5ℓ,

볶음 천일염 100g

김치풀

보릿가루 40g,

육수 400㎖(정제수 3ℓ, 사과 50g, 대파 30g, 다시마 20g, 구기자 20g, 둥굴레 10g)

만드는 방법

① 열무는 먹기 좋은 크기로 잘라서 소금물에 1시간 정도 절인 후 씻어 채반에 밭칩니다.

② 김치풀을 준비합니다.

③ 김치풀에 동아 추출액, 멸치액젓, G4000 종균을 넣고 잘 섞어 줍니다.

④ 물김치에 들어갈 채소는 채를 썰어 김치풀에 넣고 잘 섞어 줍니다.

⑤ 절인 열무를 행군 후, 채소가 든 풀물에 넣고 잘 섞어 줍니다.

Recipe 2

얼갈이 젓국지

기본 재료

얼갈이 2단(다듬은 무게는 2.5~3㎏가량),

쪽파 1단

절임

천일염 400g + 물 4l

양념 재료

고춧가루 300g,

액젓 30㎖(멸치액젓+까나리액젓),

설탕 150g,

다진 마늘 150g,

다진 생강 10g,

찹쌀풀(물 2l+ 찹쌀가루 150g),

G4000 종균 4g

만드는 방법

① 얼갈이는 끝부분만 조금 잘라 내고 통으로 손질합니다.

② 소금물에 30분을 절여 헹구어 물기를 빼 줍니다.

③ 얼갈이 줄기 부분을 양념으로 적신 후 가지런히 한 겹 깔고, 쪽파는 펴서 얼갈이 반대 방향으로 엇갈리게 차곡차곡 담습니다.

④ 용기에 담습니다.

Recipe 3

비타민의 컨트롤타워, 배추김치

기본 재료

절임 배추 1㎏, 양파 200g,
김치풀 400㎖, 쪽파 100g,
고춧가루 200g, 매실청 100㎖,
새우젓 100㎖, 무 300g,
멸치액젓 100㎖, 다진 마늘 50g,
사과 100g, G4000 종균 4g,
홍고추 100g, 생강청 10㎖

배추 절임

배추 2㎏, 정제수 3ℓ, 천일염 300g

김치풀

보릿가루 40g,

육수 400㎖(정제수 3ℓ, 멸치 100g, 구기자 10g, 표고버섯 5g, 다시마 5g, 황태 2g,)

만드는 방법

① 배추는 4등분해서 소금물에 절여 씻어 채반에 밭칩니다.

② 하절기엔 4~6시간, 동절기엔 8~10시간 절입니다.

③ 무 300g을 채로 썹니다.

④ 쪽파를 3㎝ 정도로 썹니다.

⑤ 양념을 믹서에 곱게 간 후 풀물에 넣어 섞습니다.

⑥ 마지막으로 채 썬 무와 쪽파를 섞어 줍니다.

⑦ 절인 배추에 양념을 넣어 버무립니다.

Recipe 4

깔끔 담백한 백김치

기본 재료

절임 배추 10포기, 정제수 3l, 천일염 300g, 보리풀 400㎖, 무 ⅓개, 쪽파 50g, 통마늘 5쪽, 볶은 소금 100g, 새우젓 70㎖, 사과 ½개, 양파 ½개, 동아 추출액 200㎖, 매실 추출액 50㎖, G4000 종균 2g

보리풀

보릿가루 40g, 육수 400㎖

만드는 방법

① 배추를 절임물 3ℓ, 천일염 300㎖에 5시간 절입니다.

② 절인 배추는 3번 씻어서 체에 밭쳐 30분간 물기를 빼 줍니다.

③ 무는 얇게 채 썰어 볶은 소금 5g을 넣어 5분간 절여 둡니다.

④ 쪽파를 3㎝ 정도로 썹니다.

⑤ 마늘과 양파는 갈아 둡니다.

⑥ 볼에 보리풀, 생수 3ℓ, 볶은 소금, 새우젓, 사과, 양파 간 것, 동아 추출액, 매실 추출액, 종균을 넣습니다.

⑦ 절인 배추에 양념을 넣어 버무립니다.

⑧ 켜켜이 소를 넣습니다.

⑨ 냉장고에 넣어 두고 먹습니다.

Recipe 5

성인병에 좋은 파김치

기본 재료

쪽파 1㎏,
고춧가루 200g,
까나리 액젓 100㎖,
동아 추출물 100㎖,
양파 100g,
사과 100g,
다진 마늘 30g,
김치 풀 300㎖,
매실청 30㎖,
G4000 종균 2g

절임 쪽파

쪽파 1㎏, 멸치액젓 40g

김치풀

찹쌀가루 30g,
육수 300㎖(정제수 1.5l, 멸치 100g, 구기자 10g,
표고버섯 5g, 다시마 5g, 황태 2g)

만드는 방법

① 쪽파 흰 부분을 멸치액젓에 약 1시간 정도 절여서 채반에 받칩니다.

② 양념을 위해 절인 액젓은 버리지 않습니다.

③ 다진 마늘을 제외한 모든 양념을 믹서에 곱게 갈아 줍니다.

④ 양념과 다진 마늘을 풀물에 넣고 섞습니다.

⑤ 절인 쪽파에 양념을 넣어 버무립니다.

Recipe 6

아삭아삭 깍두기

기본 재료

무 800g,
동아 추출물 100㎖,
김치풀 100㎖,
고춧가루 50g,
새우젓 60㎖,
매실청 30㎖,
멸치액젓 40㎖,
다진 마늘 20g,
사과 50g,
생강청 5㎖,
고춧가루 40g,
볶음 천일염 20g,
G4000 종균 2g

김치풀

보릿가루 10g,
육수 100㎖(정제수 1.5ℓ, 멸치 100g, 구기자 10g,
표고버섯 5g, 다시마 5g, 황태 2g)

만드는 방법

① 무를 먹기 좋은 크기로 자릅니다.

② 자른 무를 볶음 천일염에 약 20분 정도 절입니다.

③ 절인 무를 씻어서 채반에 받쳐 물기를 뺍니다.

④ 고춧가루 40g을 넣고 버무립니다.

⑤ 양념을 믹서에 곱게 갈아 준 후, 풀물에 넣고 섞어 줍니다.

⑥ 절인 무에 양념을 넣어 버무립니다.

Recipe 7

입맛 돋우는 풋마늘 고추장 무침

절임액

물 1ℓ,

간장 100㎖,

현미 식초 100㎖,

설탕 120g,

천일염 40g

풋마늘 고추장 무침

풋마늘 1㎏,

동아 고추장 100㎖,

고춧가루 15g,

G4000 종균 2g

만드는 방법

① 풋마늘 절임을 위해 물 1ℓ, 간장 100㎖, 현미 식초 100㎖, 설탕 120g, 천일염 40g을 준비합니다.

② 고추장 무침을 위해 풋마늘 1㎏, 동아 고추장 100㎖, 고춧가루 15g, G4000 종균 2g을 준비합니다.

③ 풋마늘을 5~7㎝ 크기로 잘라 줍니다.

④ 풋마늘 절임을 위해 준비한 재료를 넣습니다.

⑤ 풋마늘은 12시간 정도 절입니다.

⑥ 절인 풋마늘은 물기를 빼 줍니다.

⑦ 물기를 뺀 풋마늘에 동아 고추장 100㎖, 고춧가루 15g, G4000 종균 2g을 넣고 버무립니다.

⑧ 완성된 풋마늘 고추장 무침은 냉장고에 넣어 보관합니다.

K-발효 소스
맛과 품격을 더하다

Recipe 1

감칠맛 나는 맛간장

기본 재료

동아 추출액 400㎖,
간장 400㎖,
양파 20g,
대파 20g,
사과 20g,
레몬 10g,
구기자 10g,
마늘 10g,
생강 10g,
다시마 10g,
표고버섯 5g,
G4000 종균 2g

만드는 방법

① 재료를 준비합니다.

② 용기에 재료를 혼합하여 끓입니다.

③ 끓기 시작하면 약한 불로 1시간 정도 가열합니다.

④ 재료를 체에 걸러 용기에 담아 사용합니다.

Recipe 2

만능 양념장

기본 재료

동아 추출액 200㎖,
동아 고추장 100㎖,
조청 100㎖,
고춧가루 100g,
G4000 락토 간장 40㎖,
유기농 설탕 40g,
다진 마늘 20g,
참기름 20㎖,
G4000 종균 2g

만드는 방법

① 용기에 모든 재료를 넣습니다.

② 용기에 모든 재료를 넣고 섞습니다.

Recipe 3

만능 식재료 발효당

준비물

용기 2l

기본 재료

설탕 400g,

물 1.5l,

G4000 종균 4g,

천일염 2g,

숨티커 1매

만드는 방법

① 설탕 400g, G4000 종균 4g, 천일염 2g을 넣습니다.

② 물 1.5l를 넣고 녹입니다.

③ 페트병을 활용할 경우 가스 배출용 숨티커를 붙입니다.

④ 상온(15~25℃)에서 5~10일간 발효시킵니다.

⑤ 발효기 사용 시 온도는 36℃, 시간을 72시간으로 설정합니다.

⑥ 발효된 발효당은 냉장고에 보관하여 식재료로 활용합니다.

Recipe 4

맛과 영양이 담긴 쌈장

준비물

용기 2ℓ,

(으깰) 주걱

기본 재료

된장 450g,

고춧가루 50g,

콩가루 100g,

쌀 조청 200mℓ,

만능양념파우더 30g,

동아 추출액 300mℓ,

G4000 종균 2g

만드는 방법

① 쌈장 재료를 확인합니다.

② 고춧가루 50g, 콩가루 100g, 만능양념파우더 30g, G4000 종균 2g을 잘 섞습니다.

③ 섞은 분말에 된장 450g, 쌀 조청 200㎖, 동아 추출액 300㎖를 넣고 주걱을 사용하여 섞어 줍니다.

④ 혼합한 쌈장은 상온에서 24시간 숙성시킵니다.

⑤ 완성된 쌈장에 마늘, 참기름, 깨소금을 첨가하면 더욱더 맛있습니다.

⑥ 완성된 쌈장은 냉장고에 보관하여 사용합니다.

Recipe 5

매콤달콤한 초장

준비물

용기

기본 재료

동아 고추장 100㎖,

매실청 100㎖,

식초 50㎖,

유기농 설탕 50g,

쪽파 20g,

깨소금 10g,

다진 마늘 10g,

G4000 종균 2g

만드는 방법

① 동아 고추장, 매실청, 식초, 설탕, 쪽파, 깨소금, 마늘, G4000 종균을 준비합니다.

② 쪽파, 깨소금을 제외한 모든 재료를 섞습니다.

③ 쪽파, 깨소금을 넣습니다.

④ 완성된 초장은 냉장고에 보관하여 사용합니다.

Recipe 6

신선 채소를 더욱 맛있게, 간장 드레싱

기본 재료

동아 추출액 400㎖,
올리브유 200㎖,
매실청 200㎖,
건빵 메주 간장 200㎖,
올리고당 200㎖,
사양 꿀 100㎖,
채 썬 마늘 10g,
G4000 종균 2g

만드는 방법

① 2l 정도의 용기를 준비합니다.

② 동아 추출액, 올리브유, 배실청, 간장, 올리고낭, 꿀, 채 썬 마늘, G4000 종균을 준비합니다.

③ 2l 용기에 모든 재료를 넣고 잘 섞어 줍니다.

④ 완성된 드레싱은 냉장고에 보관하여 사용합니다.

짜지 않은
젓갈로 변신

사람의 심장을 염통, 즉 소금통이라고 합니다. 사람의 인체는 70%가 물입니다. 정확히 말하면 그냥 물이 아닌 0.85%의 소금물입니다. 그래서 병원에 입원하면 바로 꽂아 주는 주사가 링거입니다. 링거는 0.9%의 소금물입니다. 이 0.9%의 식염수가 혈관으로 바로 들어가면 사람이 회복력을 갖게 됩니다. 그래서 우리 몸은 일정한 염도를 유지해야 합니다.

나의 몸이 0.85%의 염도를 유지한다면 어떤 병균이 들어와도 이길 수 있습니다. 소금의 역할은 방부제이기 때문입니다. 몸에 염증이 많다는 것은 곧 부패했다는 뜻입니다. 소금에 절인 배추나 음식은 상하지 않습니다. 그래서 우리 조상님들은 젓갈을 만들었습니다. 우리 몸에 꼭 필요한 소금을 음식으로 먹는 지혜가 짭짤합니다.

예전 우스갯소리로 "파리가 새면 멸치도 생선이겠네."라는 말이 있습니다. 파리는 곤충이지만, 멸치는 생선이 맞다는 농의 연원은 속담에서 볼 수 있습니다. 우리 속담에 "멸치도 창자가 있다."라는 말이 있는데, 그 정도로 멸치는 작고 잡으면 금방 죽어 참으로 볼품없는 물고기로 인식되었습니다. 오죽하면 멸시할 멸(蔑)자를 써서 멸치라 하겠습니까. 하지만 멸치는 새우와 함께 우리 민족의 김치, 젓갈 문화에서 빼놓을 수 없는 동반자로 함께했습니다.

멸치젓은 김치를 담글 때도 사용하지만, 국이나 찌개 요리는 물론 고기를 구워 먹을 때 소스로도 사용되고, 남부 지방에선 이 멸치젓을 잘게 다져 청양고추를 넣어 쌈장을 만들기도 합니다. 육젓이 멸치를 소금에 절여 발효시킨 것이라면, 액젓은 육젓의 건더기와 국물을 끓여서 걸러 만든 조미료입니다. 옛날에는 젓을 짜지 않게 만들어 단백질과 철분을 보충하기 위해서도 먹었다고 합니다. 좋은 멸치젓은 뼈가 보이지 않을 정도로 푹 삭아 비린내가 나지 않으면서 구수하고 달큼한 맛을 내고, 거무스름한 색을 내면서도 붉은빛이 도는 것이 좋습니다.

멸치엔 칼슘과 인, 철분, DHA, 타우린, 핵산이 있어 성장기 아이들에게 좋습니다. 특히 멸치의 칼슘 성분은 완전식품이라는 우유의 16배입니다. 혈액의 산성화를 막고 신경을 안정시키는 데도 탁월한 효능을 가지고 있으며 불포화지방산인 DHA 성분은 아이들의 뇌 발달에 도움을 주고 노년층에겐 인지 능력과 기억력 개선에 도움을 주며, 멸치에 많은 비타민 A는 눈의 건강에도 좋습니다.

Recipe 1

감칠맛의 황제, 멸치젓갈

준비물

용기 5l

기본 재료

생멸치 3kg,

소금 150g,

G4000 종균 4g

만드는 방법

① 생멸치 3㎏을 씻은 후 물을 뺍니다.

② 물기를 뺀 생멸치에 천일염 150g, G4000 종균 4g을 넣고 잘 섞어 줍니다.

③ 상온(15~25℃)에서 2~3일 숙성합니다.

④ 숙성이 끝나면 냉장고에 보관하여 사용합니다.

Recipe 2

밥도둑, 전어밤젓

준비물

용기 1ℓ

기본 재료

전어밤 300g,

소금 15g,

G4000 종균 2g

만드는 방법

① 신선한 전어밤을 소금물에 씻은 후 물기를 뺍니다.

② 전어밤 300g, 소금 15g, G4000 종균 2g을 넣고 잘 섞어 줍니다.

③ 상온(15~25℃)에서 1~2일 정도 숙성합니다.

④ 숙성이 끝나면 냉장고에 보관하여 사용합니다.

⑤ 삭혀 둔 전어밤젓에 풋고추와 마늘을 굵직하게 썰어 고춧가루와 깨소금을 양념하여 먹으면 맛있습니다.

맛에 건강을 더하다
발효 음료

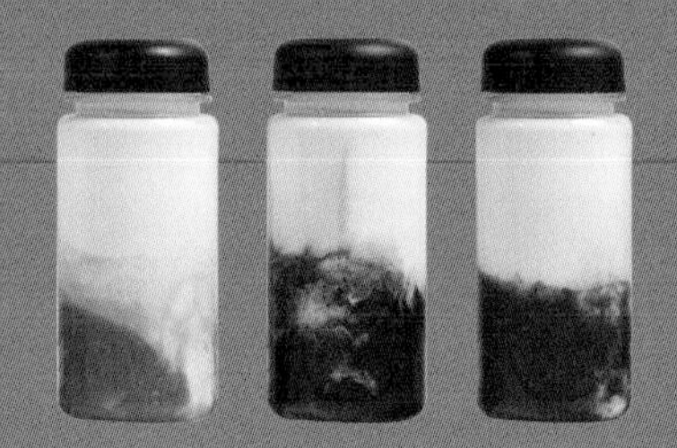

콜라는 검은색입니다. 지구촌에서 가장 많이 사용한다는 색소의 제왕 캐러멜 색소가 들어 있기 때문입니다. 우리 몸의 면역성을 키워주는 인슐린은 캐러멜 색소를 싫어합니다. 캐러멜 색소에는 발암물질이 들어 있습니다. 콜라에 발암물질이 들어 있다는 이야기입니다. 그 물질의 이름도 밝혀졌습니다. 바로 아미다졸. 면역기능만 제대로 작동하면 암세포는 자라기 어렵습니다. 그런데, 캐러멜색소는 괘씸하게도 면역기능을 꼼짝 못 하게 한 후 암세포를 만듭니다. 약 50만톤. 매년 지구촌 사람들의 입으로 들어가는 캐러멜색소의 양입니다. 불과 1세기 전만 해도 희소병이었던 암. 우리 몸은 정직하게 반응합니다. 그럼, 우리는 무엇을 마셔야 할까요?

아마도 발효의 놀라운 효능을 가장 짧은 시간에 맛볼 수 있는 것이 요거트가 아닐까 싶습니다. 우유에 G4000 프로바이오틱스를 넣고 하루만 발효시키면 요거트가 완성됩니다. 풍미도 좋아 집에서 만들어 먹기 시작하면 시중에서 판매하는 요거트에는 눈길이 안 갈 정도입니다. 동유럽 여행을 가서 호텔 조식을 먹으면 호텔마다 특유의 풍미를 자랑하는 요기트를 내놓는데, 그 맛이 저마다 다르고 고급스러

웠습니다. 특히 코카스 지방에선 집에서 우유에 유산균을 넣어 요거트를 만드는 것이 오랜 풍습으로 정착되었습니다.

요거트는 장 건강에도 물론 좋지만, 비만을 방지하는 데에도 효과가 있습니다. 이는 식욕을 자극하는 호르몬의 기능을 일정하게 감소시키기 때문입니다. 탄수화물, 단백질, 지방뿐만 아니라 칼슘과 비타민, 미네랄도 있어 다이어트 중이라면 다른 간식 대신에 요거트를 먹는 것으로 효과가 있습니다. 이제 집에서 쉽게 요거트를 만들어 먹을 수 있습니다.

유익균과 유인균

유익균: 유해균의 반대말로 사람 몸에 해롭지 않은 모든 균류를 총칭.

유인균: 자연환경 속에 유익균이 우점할 수 있도록 유인하는 강한 효능의 균주. 이들은 중간균 또한 유익균으로 만들어 낸다.

Recipe 1

G4000 요거트

준비물

G4000 발효기 1대

기본 재료

우유 1ℓ,

G4000 종균 4g

만드는 방법

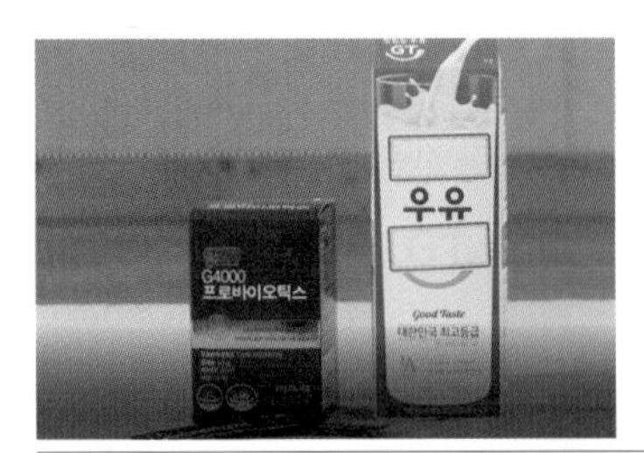

① G4000 발효기 1대를 준비합니다.

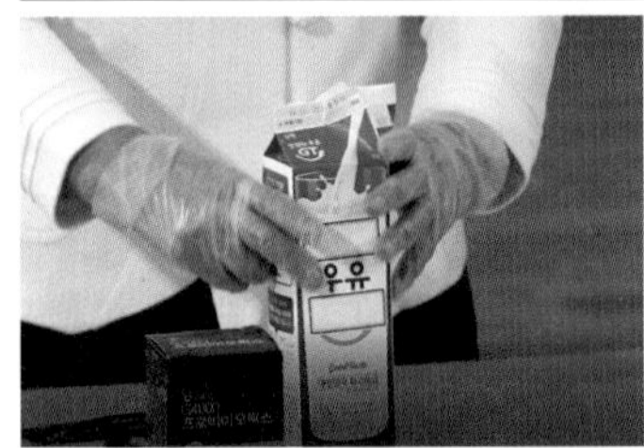

② 시중에 판매하는 우유 1ℓ를 준비합니다.

③ 기능성 우유는 가급적 사용하지 않습니다.

④ 우유 팩을 열어 줍니다.

⑤ G4000 종균 4g을 넣고 흔들어 줍니다.

⑥ 상온(20~25℃)에서 발효할 경우 1~2일 발효합니다.

⑦ 발효기를 사용할 경우 온도는 30℃, 시간은 24시간으로 합니다.

⑧ 발효된 요거트는 냉장고에서 1일 숙성 후 먹으면 됩니다.

⑨ 완성된 요거트는 벌꿀, 과일잼 등을 첨가하여 사용하시면 좋습니다.

Recipe 2

약이 되는 매실 발효 음료

준비물

용기 2ℓ, 발효기 1대

기본 재료

매실청 300mℓ,

물 1.5ℓ,

G4000 종균 2g,

천일염 2g,

숨티커 1매

만드는 방법

① 용기는 2ℓ를 사용합니다.

② 매실청 300㎖, G4000 종균 2g, 천일염 2g을 넣습니다.

③ 페트병을 활용할 경우 숨티커를 붙입니다.

④ 상온(15~25℃)에서 4~7일간 발효합니다.

⑤ 가정용 발효기 사용 시 온도 36℃, 72시간 발효합니다.

⑥ 완성된 매실 발효 음료는 냉장 보관하여 사용합니다.

Recipe 3

한국인의 전통 음료 식혜

준비물

숨 쉬는 용기 2ℓ 1개,

가정용 발효기 1대

기본 재료

엿기름 70g,

밥 100g,

G4000 종균 4g,

설탕 150g

만드는 방법

① 용기는 숨 쉬는 용기 2ℓ를 사용합니다.

② 엿기름 70g, 밥 100g, 설탕 150g, G4000 종균 4g을 준비합니다.

③ 엿기름 70g을 손으로 바락바락 주물러서 우려냅니다.

④ 우려진 엿기름과 건더기를 분리합니다.

⑤ 물은 끓인 후 식혀서 사용합니다.

⑥ 숨 쉬는 용기에 엿기름과 물을 3분의 2 정도 붓습니다.

⑦ 설탕 150g을 넣고 설탕을 잘 녹입니다.

⑧ 설탕이 녹으면 엿기름, 밥 100g, G4000 종균 4g을 넣어 줍니다.

⑨ 숨 쉬는 용기 점선까지 물을 채웁니다.

⑩ 식혜 발효 온도는 60℃ 정도이므로 전열 기구를 사용하여야 합니다.

⑪ 가정용 발효기 사용 시 온도 60℃, 10시간 발효합니다.

⑫ 완성된 식혜는 냉장고에서 24시간 숙성하여 드시면 됩니다.

천연 보약,
십전대보탕

십전대보탕이란?

십전대보탕은 전반적으로 보양하는 대표적인 한의학상의 처방으로 대중적으로도 널리 알려져 있습니다. 십전대보(十全大補)라는 처방명은 모든 것(十)을 온전하고(全) 지극하게(大) 보(補)한다는 의미를 지니고 있습니다. 중국 송(宋)나라 태종 때『태평혜민화제국방(太平惠民和劑局方)』에 처음으로 등장합니다. 우리나라에서는 허준(許浚), 유완소(劉完素) 등의 저명한 의학자들이 저술한 의서에서 기혈(氣血)을 대보(大補)시커 허로(虛勞)를 치료한다고 수록되어 있습니다. 즉 십전대보탕은 몸을 전반적으로 보양(補養)하는 대표 처방으로 사용되었으며, 현재에도 각종 허약성 질환에 널리 활용되고 있습니다.

십전대보탕의 약재

처방은 인삼, 백출, 백복령, 감초, 숙지황, 백작약, 천궁, 당귀, 황기, 육계의 약제로 구성되어 있고 여기에 대추 2개, 생강 3쪽을 넣고 물에 달여서 복용합니다. 처방의 구성을 보면 사군자탕(인삼 · 백출 · 백복령 · 감초)과 사물탕(숙지황 · 백작약 · 천궁 · 당귀)을 합친 후 황기와 육계가 추가되어 있습니다. 일반적으로 사군자탕은 기(氣)를 보하며, 사물탕은 혈(血)을 보하는 처방으로 널리 알려져 있습니다.

십전대보 발효차

십전대보 발효차는 천년의 보약인 십전대보탕에 들어가는 한약재를 G4000 식품 종균을 활용하여 처방에 나오는 인삼 외 9종의 약재를 잘 말려 분쇄한 재료를 발효하여 기존 탕제의 단점인 흡수율과 약리성을 높인 활용법으로, 기존 당제와 달리 높은 열에 의한 생리활성물질 손실을 최소화한 발효 결과물이며 천연 종합비타민입니다.

Recipe 4

천연 종합비타민 발효 십전대보차

준비물

용기 2l

기본 재료

물 1.8l,

십전대보 분말 50g,

설탕 100g,

G4000 종균 2g,

천일염 2g,

숨티커 1매

만드는 방법

① 2ℓ 용기를 사용합니다.

② 십전대보 분말 50g, 설탕 100g, G4000 종균 2g, 천일염 2g을 준비합니다.

③ 십전대보 분말, 설탕, G4000 종균, 천일염을 용기에 넣습니다.

④ 따뜻한 물(30℃)을 붓습니다.

⑤ 페트병 발효 시 병뚜껑에 숨티커를 붙여 터짐을 방지합니다.

⑥ 상온(15~25℃)에서 5~10일간 발효합니다.

⑦ 발효기 사용 시 온도 36℃, 72시간 발효합니다.

⑧ 완성된 발효차는 냉장고에 보관하여 사용합니다.

G4000 발효
커피의 탄생

“악마처럼 검고 지옥처럼 뜨거우며, 천사같이 순수하고 사랑처럼 달콤하다.”

검은 마성의 음료, 커피. 18세기 프랑스 정치가 탈레탕의 커피 예찬 말고도 유럽의 예술가들은 커피 애호가들이었습니다. 베토벤은 매일 60알의 원두를 세어서 직접 갈아 마셨는데, 60개의 알갱이에서 60개의 영감을 얻었다고 합니다. 대문호 스탕달은 15시간 이상 원고를 쓰기 위해 끊임없이 커피를 마셨는데, 커피가 위장으로 들어가는 순간 몸의 모든 기관이 움직이기 시작한다고 말했습니다. 물론 후과도 만만치 않아 스탕달은 지독한 위염으로 고생했고, 그토록 사랑했던 이와 결혼한 지 5개월 만에 죽음에 이르게 되었습니다. 그의 유별난 커피 사랑과 무관하지 않습니다.

구전에 불과하지만, 커피의 발견은 아주 옛날 에티오피아 고원의 염소가 밤늦도록 울며 잠을 자지 않는 것에서 비롯했다고 합니다. 수승

들이 지접 검은 원두를 먹어 보았고 이후 새벽기도 시간에도 커피 한 잔이면 맑은 정신을 유지하며 근육도 활력을 얻었다고 합니다. 이후 이슬람에선 커피는 기적과 치유의 물질로 칭송되었습니다. 심지어 '체내에 커피를 담고 죽는 자는 지옥불의 고통을 당하지 않는다.'라고 주장하는 이슬람의 사제도 있을 정도였습니다. 프랑스 대혁명의 진원지 역시 커피하우스에 모인 문인과 시민권자, 부르주아들의 열띤 토론으로 탄생했습니다. 와인이 열정과 몽환의 음료였다면, 커피는 지식과 활력의 에너지, 중국의 차(茶)는 온화함과 치유의 음료로 인식했습니다. 이렇듯 커피엔 유럽의 한 세기를 풍미했던 이야기가 담겨 있어 우린 커피에 더욱 집착하는 듯합니다.

우리나라의 1인당 연간 커피 소비량은 2020년 기준으로 1.8㎏이며 세계 57위로 중간 정도지만 카페 연간 매출액 기준으로는 미국, 중국에 이어 43억 달러로 일본보다 큰 규모입니다. 이는 한국의 커피 문화가 단순한 음료로서가 아니라 공간문화로 들어왔다는 의미입니다. 도심 어디를 걸어도 앉아 이야기할 곳이 드물고, 나들이하기 좋은 계절에는 황사와 미세먼지로 몸살을 앓기에 카페 문화가 우후죽순처럼 들어섰습니다. 커피 맛을 몰랐던 사람들도 사람을 만나는 과정에서 자연스레 커피 맛에 길들게 됩니다. 어떤 건축가의 말처럼 분명 한국의 카페 문화는 앉을 곳 없는 도심의 공간디자인이 만들어 낸 슬픈 이야기일 수 있습니다.

커피 함유 물질이 건강에 좋다는 보고는 꽤 있습니다. 단기 기억을 증진하는 각성 작용이 잘 알려져 있고 우울증 감소, 치매 예방, 담석증, 간암을 포함한 항암 효과, 심혈관 질환 감소, 당뇨병 예방 및 자궁내막염 감소 등의 효과가 있습니다. 이는 항산화 물질인 카페인과 폴리페놀과 같은 성분 덕분입니다. 하지만 식후나 오전의 한두 잔을 넘어서는 습관적인 음용은 역류성 식도염과 각성 효과를 점차 떨이뜨려 카페인 중독으로 몰고 갈 수도 있어 적당량의 섭취가 필요합니다.

시중에 공급되는 커피 대부분은 당연히 세척 과정을 거칩니다. 생두의 종자와 산지도 중요하지만, 커피는 세척 건조, 발효 과정에서 그 맛이 달라집니다.

Recipe 1

G4000 발효 커피를 맛있게

준비물

머그잔 200㎖

기본 재료

드립 커피,

뜨거운 물(90~95℃)

만드는 방법

① 재료를 준비합니다.

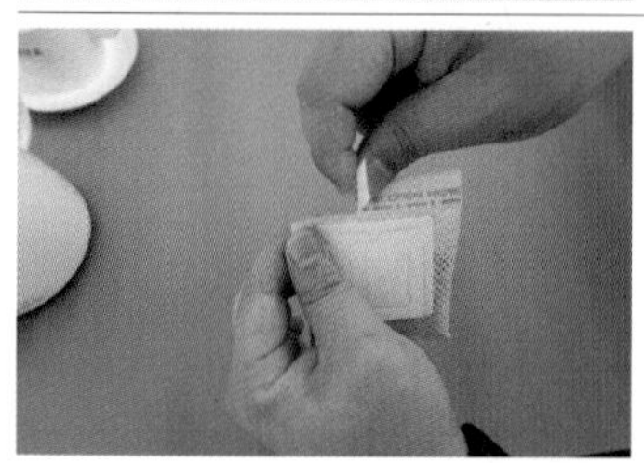

② 드립백을 절취선에 따라 자릅니다.

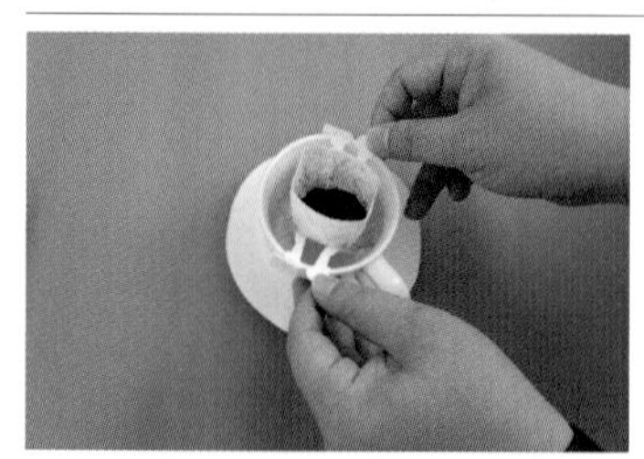

③ 드립백 양쪽 클립을 당겨 컵 양쪽에 걸어 고정합니다.

④ 뜨거운 물(90~95℃)을 커피 높이까지 천천히 붓습니다.

⑤ 3회 정도 나누어 150~200㎖ 정도 붓습니다.

G4000 유산균 발효빵

Recipe 1

G4000 유산균 우리밀 발효빵

기본 재료

우리밀 200g,

물 80㎖,

G4000 요거트(G4000 요거트 레시피 참조) 40㎖,

설탕 24g,

이스트 8g,

제빵개량제 2g,

버터 80g,

소금 3g,

계란 48g

만드는 방법

① 재료를 준비합니다.

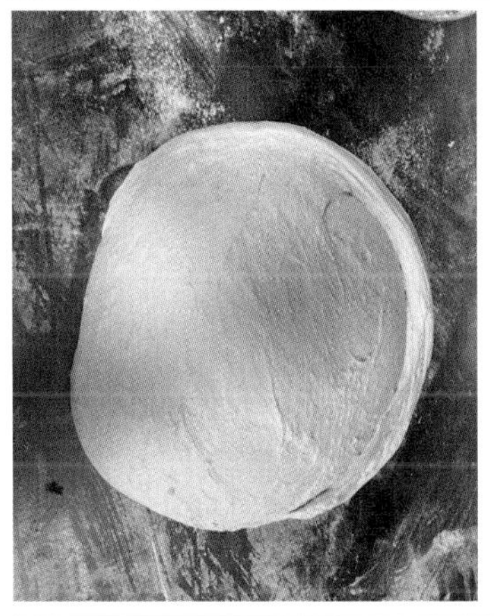

② 버터는 편편하게 밀어 사용 전까지 냉장고에 차갑게 보관합니다.

③ 버터를 제외한 모든 재료를 혼합하여 20분 정도 반죽합니다.

④ 반죽은 30℃에서 20분 발효시킨 후 12시간 정도 저온 발효합니다.

⑤ 반죽 후 숙성 시간은 냉동실 15분, 냉장고 15분간 숙성합니다.

⑥ 숙성할 때는 반죽이 마르지 않도록 비닐로 덮어 줍니다.

⑦ 숙성된 반죽을 두께가 4㎜ 정도가 되게 펴 줍니다.

⑧ 삼각형 모양으로 반죽을 잘라 크루아상 모양을 만들어 줍니다.

⑨ 2차 발효는 30℃에서 1시간 15분 정도 발효합니다.

⑩ 2차 발효 후 180℃에서 20분간 구워 냅니다.

Recipe 2

G4000 유산균 쌀빵

기본 재료

쌀가루 200g,

물 60㎖,

G4000 요거트(G4000 요거트 레시피 참조) 60㎖,

설탕 16g,

이스트 10g,

제빵개량제 4g,

버터 20g,

소금 3g,

계란 12g,

타피오카 20g

만드는 방법

① 재료를 준비합니다.

② 재료를 혼합하여 20분 정도 반죽합니다.

③ 반죽은 30℃에서 20~25분간 1차 발효합니다.

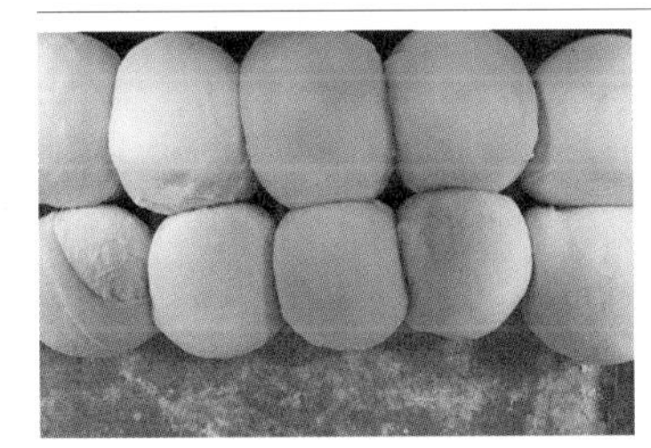

④ 반죽을 동그란 볼 모양으로 30g씩 만듭니다.

⑤ 2차 발효는 반죽을 30℃에서 25~30분간 발효합니다.

⑥ 180℃ 예열된 오븐에서 170℃에서 15분간 굽습니다.

Recipe 3

G4000 유산균 현미빵

기본 재료

강력분 200g, 현미 쌀가루 70g, 물 60㎖, G4000 요거트(G000 요거트 레시피 참조) 60㎖, 설탕 16g, 이스트 8g, 제빵개량제 3g, 버터 20g, 소금 3g, 계란 12g, 타피오카 20g

만드는 방법

① 재료를 준비합니다.

② 재료를 혼합하여 반죽을 20분 정도 합니다.

③ 반죽은 30℃에서 20~25분간 1차 발효합니다.

④ 반죽을 동그란 볼 모양으로 30g씩 만듭니다.

⑤ 반죽을 30℃에서 25~30분간 2차 발효합니다.

⑥ 180℃ 예열된 오븐에서 170℃에서 15분간 굽습니다.

우리의 주변 환경이 점점 열악하게 변화하고 있다는 사실은 국민 누구나 공감할 것입니다.

이는 화학제품을 사용한 결과이며,

환경오염과 생태계 교란 및 기후변화가 초래하는 많은 부작용이 발생하고 있습니다.

산업화의 가속화는 환경오염의 지름길입니다.

환경오염과 기후변화를 바라만 볼 것이 아니라

미생물을 생활환경에 활용하여 건강하고 쾌적한 환경을 조성하는 데

밀알이 되었으면 하는 바람으로 정리하였습니다.

Part 4

생활환경 미생물로 극복한다

합성세제의 진실

행복은 소소해 보이는 일상 속에 숨어 있습니다. 아침에 일어나 수도꼭지를 틀어 물이 나오면, 얼굴과 손을 비누로 깨끗이 씻습니다. 그런데 지구 인구 절반이 단순해 보이는 이 행위를 할 수 없어 수인성 질환에 노출되어 있다고 합니다. 특히 코로나 19 바이러스가 확산세에 이르렀을 때, 미디어는 연일 '외출 후에는 손을 비누로 깨끗이 씻어요.'라는 당부와 비누로 손을 깨끗이 씻는 요령까지 친절히 안내했습니다. 사실, 비누로 손을 깨끗이 씻는 행위는 위대한 의식입니다. 왜냐하면 이것이 우리의 건강을 지켜 주기 때문입니다.

비누는 인류 문명의 혁명입니다. 비누의 '임피닐'이라는 지방질 성분이 바이러스 제거를 돕습니다. 비누는 인간 수명을 비약적으로 연장한 최고의 발명품입니다. 페니실린과 같은 항생제보다 위생에 기본이 되는 비누는 적은 비용으로도 건강을 지켜 주기에 상당히 매력적입니다. 1700년대 말 프랑스의 화학자이자 의사인 르블랑이 비누를 만들 수 있는 수산화나트륨에 가까운 물질을 개발하여 비누의 대중화가 가능해집니다. 당시 유럽은 갖은 전염병과 피부병으로 인해 평균 수명이 40세 미만이었다고 합니다. 그런데 유럽인의 평균 수명을 60세로 늘어나게 해 준 것이 바로 비누였습니다. 지금은 100세 시대. 그 배후에는 비누가 있습니다.

스페인독감이 유럽을 휩쓴 뒤 살균과 세정이라는 개념은 유럽에서 근대적 가치의 핵심이 되었습니다. 당시 신문에 실린 비누 광고엔 유독 아프리카 원주민의 그림이 자주 등장했습니다. 그 이유는 비누를 사용하는 문명의 유럽과 원시의 더러움을 대비시키기 위함이었습니다. 비누의 판매량은 폭발적으로 늘었지만 한 가지 문제가 있었는데, 그것은 바로 석회질이 많은 유럽의 센물(hard water)에 마그네슘과 칼슘 이온이 다량으로 함유되어 있어 비누의 세정력을 약화시켰고 특히 찬물 세탁이 당시 주부들에게 고역이었다는 점입니다.

이런 문제점에 착안해 1907년 독일의 헨켈사에서 개발한 것인 바로 합성세제입니다. 광고의 카피는 "비벼 빨지 않아도 잘 빨립니다."였습니다. 제품 이름이 퍼실(Persil)이었는데, 이는 과붕산염과 규산염의 앞글자인 'per'와 'sil'을 합성한 합성어로 오늘날 계면활성제라고 말하는 합성세제의 탄생이었습니다. 이 합성세제는 높은 세정력을 지녔고 대량 생산할 수 있다는 강점이 있었지만, 문제는 석유 부산물의 특징인 유해성입니다. 아토피, 천식, 비염, 가려움증, 탈모, 주부습진, 유전자 변형, 간 기능 장애, 암이나 만성적인 질병을 유발합니다.

합성세제만 문제가 있는 건 아닙니다. 석유 화합물 계통의 유기화합물엔 사람과 동물에게 치명적인 환경 호르몬이 나옵니다. 샴푸, 린스, 치약, 염색약, 장난감, 벽지, 가구 마감재, 식품 포장재, 페인트, 살충제, 식기 코팅제, 자외선 차단제, 화장품 등 현대인은 완벽히 환경 호르몬에 둘러싸인 삶을 살고 있습니다. 문제 인식 없이 김장철에 사용하는 고무 대야나 육수를 우릴 때 사용하는 플라스틱 계열의 육수망, 플라스틱 국자, 라면용 양은 냄비 역시 환경 호르몬을 배출합니다.

환경 호르몬은 내분비 계통에 악영향을 주고 면역력과 생식 기능, 피부 질환을 동반합니다. 특히 화장품과 자외선 차단제와 같이 피부에 바르는 유기화합물은 경피독을 남깁니다. 독소라는 것은 음식에도 있지만 섭취한 음식물의 90%가 신진대사로 배출되는 반면, 석유 계열 유기화합물은 매일 피부에 누적되고 단 10%만이 배출됩니다. 이 경피독의 문제는 특히 통증이 없어 그 독성이 금방 발견되지 않아 만성적으로 체내에 축적된다는 점입니다.

Recipe 1

우리 가정을 쾌적하게 만드는 생활 발효액

기본 재료

용기 2ℓ

물 1.8ℓ,

흰설탕 100g,

G4000 종균(바이오팜) 2g,

천일염 5g,

숨티커 1매

만드는 방법

① 재료를 준비합니다.

② 물 1.8ℓ에 G4000 종균, 흰설탕, 천일염을 넣고 뚜껑을 닫은 후 숨티커를 붙입니다.

③ 상온에서 7~10일 정도면 발효가 되며, 여름철은 4~5일이면 됩니다.

④ 발효기를 사용할 때는 36℃에서 72시간 발효합니다.

⑤ 생활 발효액은 주방, 청소, 세탁 등 일상생활에 사용합니다.

⑥ 물과의 희석 비율은 뒤의 [부록] G4000 생활 발효액 희석 비율표를 참고합니다.

⑦ 발효액은 그늘에 보관하여 사용합니다.

⑧ 제조된 발효액은 가급적 3개월이 이내 사용하시고 기간이 지난 발효액은 효과가 감소하기 때문에 농도를 다소 높여 사용합니다.

Recipe 2

G4000 주방세제

기본 재료

G4000 발효액 350㎖,

자연유래계면활성제(APG) 120g,

애플워시 20㎖,

글리세린 10㎖,

잿탄검 2g,

베이킹소다 10g,

아로마오일(스윗오렌지 4㎖,레몬 1㎖),

유리 비커(스테인리스비커),

실리콘 주걱,

저울

만드는 방법

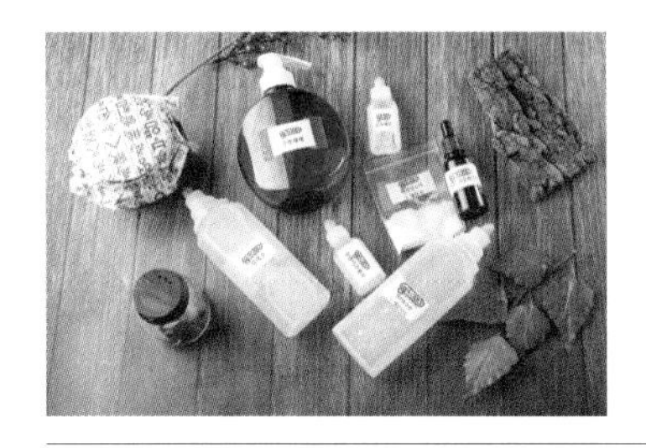

① 재료를 준비합니다.

② 글리세린에 잴탄검과 베이킹소다를 넣어 잘 섞어 줍니다.

③ G4000 발효액을 넣고 저어 줍니다.

④ 자연유래계면활성제와 애플워시를 넣고 거품이 많이 나지 않게 살살 저어 줍니다.

⑤ 아로마오일(스윗오렌지, 레몬)을 넣어 줍니다.

⑥ 세제 용기에 담아 사용합니다.

Recipe 3

G4000 비누

기본 재료

올리브오일 220㎖,

코코넛오일 150㎖,

팜유 130㎖,

포도씨유 200㎖,

비누화수 300㎖,

G4000 종균 2g,

어성초 분말 10g,

아로마오일(라벤더 10㎖),

스테인리스비커,

유리 비커,

실리콘 주걱,

핸드블렌더,

저울

만드는 방법

① 재료를 준비합니다.

② 오일과 비누화수를 45~55℃로 각각 데웁니다.

③ 비누화수를 넣고 주걱과 핸드블렌드로 잘 저어서 비누화시킨 후, 아로마오일과 G4000 종균을 넣어서 틀에 붓습니다.

④ 스티로폼 박스에 48시간 보온합니다.

⑤ 굳어진 비누를 적당한 크기로 자르고 서늘한 곳에서 2~4주 후 사용합니다.

Recipe 4

G4000 가루비누

기본 재료

베이킹소다 200g,
과탄산나트륨 200g,
구연산 100g,
코코 베타인 10mℓ,
LES 10mℓ,
G4000 발효액,
G4000 종균 2g,
플라스틱 용기,
실리콘 주걱,
저울

만드는 방법

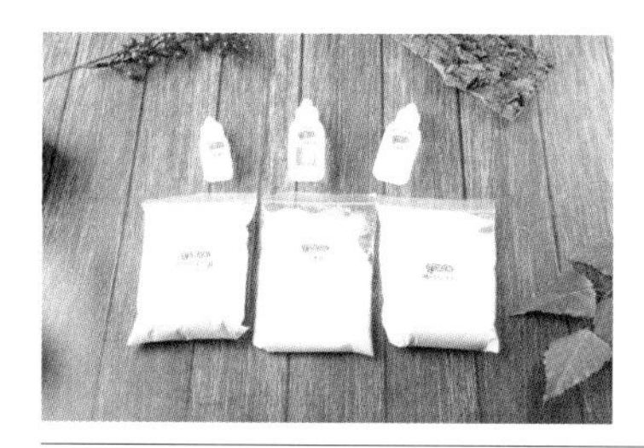

① 재료를 준비합니다.

② 베이킹소다, 과탄산나트륨, 구연산을 골고루 섞습니다.

③ ②번에 코코 베타인, LES, G4000 발효액과 G4000 종균을 넣고 잘 섞어 줍니다.

④ 4시간 정도 그늘에 말려 사용합니다.

⑤ 빨래, 청소, 운동화 세척 등에 다양하게 사용합니다.

G4000 발효액의 용도별 희석 농도

사용처		희석비율
가정	세탁 시	300cc/500배액
	변기, 화장실 차량, 가전제품	100~300배
	목욕물	10~20배
	냄새 제거	50~100배
	과일 세척	10~50배
	행주, 도마 소독, 설거지	1~10배
건강	비듬, 가려움, 무좀, 습진, 아토피, 화상, 벌레	원액~1:1
	입 냄새, 양치질, 새집증후군, 정화	10~50배
농업	밭갈이 전	10~50배
	엽면시비	250~500배
	제초처리	10배
	병해충 방제	50~100배
	채소, 과수 관주	500~1,000배
축산	가축사료(소, 돼지, 닭)	0.5~5.0%
	음수 급수	1,000배
	축사 소독	50~100배
기타	병실 공기 정화, 산화, 녹, 정전기 방지, 벌레 퇴치	50~100배
수산	양식장	100,000배

생활 곳곳
G4000의 선물

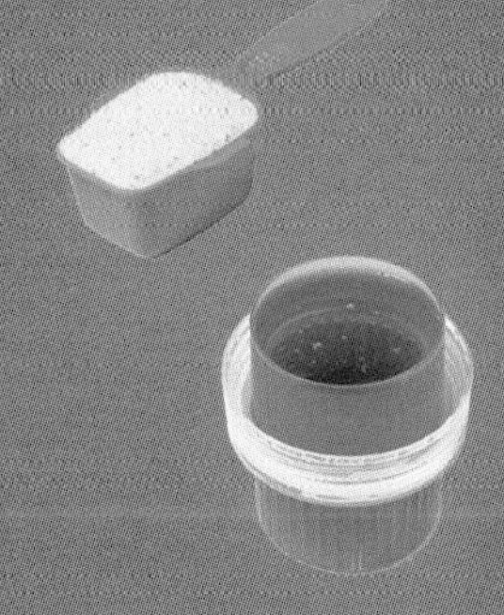

구석구석 상큼하게

- 집 안 공기를 청정하게 하려면 물 300cc에 발효액 30cc 정도 넣어 실내에 뿌려 주면 숲속에 온 느낌이 듭니다.
- G4000 발효액을 분무기에 넣어 냄새가 나는 곳 주위에는 골고루 뿌립니다.
- 애완동물의 냄새 제거에도 탁월합니다.
- 청소할 때는 G4000 발효액을 100배 정도 희석한 물에 걸레를 헹구어 사용합니다.
- 아이들 기저귀를 갈아 줄 때 살에 닿는 기저귀 면에 발효액을 분무기로 뿌려 주면 냄새가 저감됩니다.
- 가죽옷에 곰팡이가 피었을 때 발효액을 뿌려 주면 곰팡이가 없어지고 가죽에 광택이 납니다.
- 이불이나 요에서 냄새가 날 때 발효액을 희석해서 뿌려 주면 냄새가 저감됩니다.
- 안경을 닦을 때 세정제 대신 사용하면 좋습니다.

주방

- 주방세제와 G4000 발효액을 1:1~1:3 비율로 섞어 쓰면 세제로 인한 수질오염을 줄일 수 있습니다.
- 채소, 과일을 씻을 때 마지막 헹굼 물에 G4000 발효액을 넣고 10분

정도 두면 농약 성분이 줄어듭니다.

- 가스레인지 주변, 벽, 때가 낀 타일 틈새에는 발효액을 100배 희석하여서 뿌려 줍니다.
- 냉장고 청소: 발효액을 70배 희석하여서 뿌리고, 잠시 뒤 닦아내면 냄새가 제거됩니다.
- 행주는 대야나 개수대에 물을 받아 발효액을 50㎖를 넣고 3~4시간 담가 두면 삶은 것처럼 깨끗해지고 냄새가 나지 않습니다.
- 도마는 발효액을 희석하여 닦아 주거나 분무해서 햇볕에 말리면 대장균 등을 걱정하지 않아도 됩니다.
- 생선 비린내가 나는 식탁이나 도마 등에 발효액을 뿌려 주면 냄새를 잡아 줍니다.
- 모아 놓은 음식물 찌꺼기에 발효액을 부어 주면 냄새도 나지 않고 좋은 거름으로 사용할 수 있습니다.

세탁

- 세탁기에 G4000 발효액을 100~300cc 정도 넣어 옷과 함께 하룻밤 동안 담가 놓고 다음 날 세제의 양을 절반 이하로 넣고 세탁기를 돌리면 세제의 독성이 중화될 뿐만 아니라 빨래도 깨끗하게 빨아지며 정전기도 없어지고 구김이 덜 생기게 됩니다.
- 발효액을 70배 희석하여 빨래에 골고루 뿌려 주면 장마철 건조 시간을 절약하여 쉰내를 제거할 수 있습니다.
- 교복이나 와이셔츠 목 때는 희석하지 않은 발효액에 10분 담가 두었다가 세탁합니다.

욕실

- 목욕물에 G4000 발효액 500cc를 희석하여 사용하거나 머리를 감은 다음 10~100배 희석액에 헹구면 린스를 쓰지 않아도 머릿결이 좋아집니다.

- 화장실 변기에 발효액을 100배 희석하여 청소하면 변기에 때가 잘 붙지 않고 악취도 없어집니다.
- 정화조에 G4000 원액을 뿌려 주면 악취 제거와 수질 향상에 도움이 되며, 정화조의 물과 침전물(sludge)은 재활용이 더욱더 쉬워집니다.
- 여성 세정제 대신 물 5ℓ에 G4000 발효액(소주잔으로 2잔)을 섞어 사용하면 살결 복원, 염증 예방에 좋습니다.
- 발효액을 50배 희석하여 입을 헹구면 입 냄새가 줄어듭니다.
- 치약과 양칫물에 G4000 발효액을 두세 방울 묻혀 사용하면 치주염, 충치, 풍치 예방에 좋습니다.

화초

- G4000 발효액을 500배 희석하여 화초에 뿌려 줍니다.
- 난(蘭): 물 350㎖(분무기)에 G4000 발효액 1~2방울 섞어서 뿌려 줍니다. 양동이(30ℓ)에 G4000 발효액을 15㎖를 섞어 주 1회 난 화분이 5분의 4쯤 잠기게 1시간 담가 두면 꽃이 잘 피어납니다.
- 난이 시들시들할 때 발효액을 1000분의 1 비율로 희석해서 매일 뿌려 주면 잎에 윤기가 돌아오며 꽃도 피게 되는데, 바이올렛도 마찬가지입니다.

청소

- G4000 발효액을 10~100배 정도 희석합니다. 냉장고 청소, 세차, 유리 닦기에 사용한 걸레를 헹굴 때는 대야에 물을 붓고 쌀뜨물 발효액 50㎖ 정도를 넣어 헹구어 사용하면 좋습니다.
- 장롱, 테이블 등 가구를 닦을 때 흰색 가구는 변색의 우려가 있으므로 1,000배 희석하여 사용하고, 어두운색 가구는 100배 희석하여 사용합니다.
- 가구, 벽지, 페인트, 마루 등에 골고루 뿌리고 닦아 주면 환경호르몬

을 중화시킵니다.

– 70배 희석한 G4000 발효액을 실내에 골고루 뿌려 주면 바퀴벌레, 개미 등이 사라집니다.

– 방충망이나 창문 주위에 뿌리면 모기 등 해충이 잘 들어오지 않습니다.

– 신발과 신발장과 신발에 뿌려 주면 다음 날 냄새 없이 산뜻합니다.

맛도 건강도 G4000으로

– 쌀을 씻어 담가 두어야 할 때 발효액 30~40cc 정도 넣어 두면 쉰 냄새가 사라집니다.

– 밥이나 추어탕 등 여러 음식에서 탄 냄새가 날 때 넣어 주면 냄새가 사라집니다.

– 음료용 물(1 페트병에)에 G4000을 20cc 정도 넣어서 냉장고에 두고 마시면 갈증이 사라집니다. 계속해서 마시면 피곤이 줄어듭니다.

– 돼지고기나 닭고기 요리를 할 때 조금 넣어 주면 고기 특유의 냄새가 없어지고 부드러워집니다.

– 과일이나 채소를 씻을 때 마지막 헹굼을 해주면 농약의 잔류 성분이 분해되고 더욱더 싱싱해십니다.

– G4000 김치란 G4000 포스트바이오틱스를 양념과 같이 넣고 버무리는 것인데, 배추 5포기에 G4000 원액을 10㎖ 정도 넣습니다.

– 효소를 만들 때도 내용물(매실, 생강, 마늘, 나물류, 모든 쌈 채소 종류) 대 황설탕의 비율을 1:1로 하여 G4000을 병목까지 채운 후, 한 달 뒤에 거르고 100일간 숙성시켜 보관합니다.

내 몸을 지키는 미생물

– G4000 비누로 머리를 감고 발효액으로 헹궈 내면 두피 가려움과 비듬이 사라집니다.

– G4000 치약을 만들어 사용하면 입에서 냄새가 나지 않고 풍치도 가라앉습니다.

– 샤워할 때 마지막 헹굼을 해 주면 몸의 가려움이 없어집니다.

– 변비가 심한 경우 음류용 물(200cc)에 10cc 정도 희석해서 마시면 효과가 있고 대소변에서 냄새가 저감됩니다.

– 발에 무좀이 심할 경우, 발효액 원액에 30분 정도 담그면 무좀 증상이 완화됩니다.

– 팩할 때 팩 재료에 발효액을 넣어 주면 잘 상하지 않으며, 피부가 좋아집니다.

rose

1918년 독일 과학자 프리츠 하버가 질소와 수소로 암모니아를 합성한 공적으로

노벨화학상을 받으며 화학비료의 태동이 시작되었습니다.

우리나라는 60년 전 화학비료를 접하면서 오늘날까지 이르고 있습니다.

그 결과 생산성 향상에 도움은 되었으나 이후 부작용으로 토양의 영양 불균형이 나타나게 되었습니다.

화학비료, 농약, 제초제 등의 남용은 유용한 미생물이

토양에서 살아갈 수 없는 황폐한 토양으로 변하게 하였습니다.

오랫동안 유지되어 온 관행농법은 한계가 나타난 모습입니다.

황폐해진 토양을 비옥한 토양으로 복원하기 위해 미생물 농업을 적용하는 기술을 정리하였습니다.

Part 5

미생물농법
땅과 축산을 살린다

미생물농법의
필요성

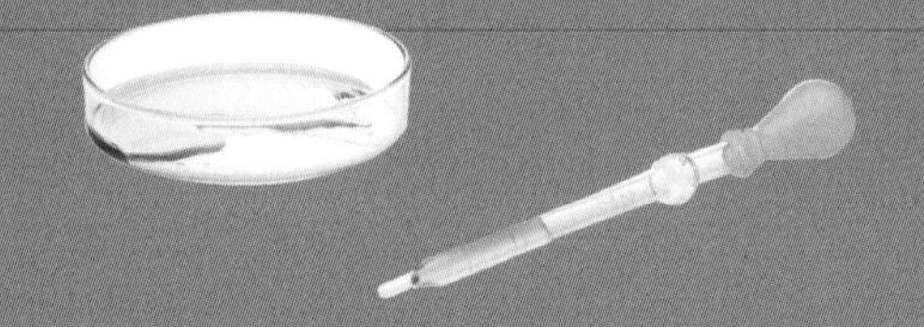

땅을 되살려야 사람이 산다

"그럼 비밀을 가르쳐 줄게. 아주 간단한 거야.
오직 마음으로 보아야 제대로 볼 수 있어."

"가장 중요한 건 눈에 보이지 않아."

– 생텍쥐페리, 『어린 왕자』 中에서

소중한 것은 눈에 보이지 않습니다. 우리가 소중히 하는 것은 평소에는 잘 느끼지 못합니다. 가족은 얼마나 소중한가요. 가족의 사랑은 늘 곁에 있지만, 그 소중함을 잊고 삽니다. 가족이 나에게 베푼 모든 고마움을 모르고 공기처럼 가볍게 여깁니다. 당연한 것, 대수롭지 않은 것은 이 세상에 없습니다. 사랑, 신뢰, 행복. 이 모든 것은 보

이지 않는 것입니다. 보이지 않는 것이야말로 우리가 더욱 소중히 여겨야 할 것들입니다. 미생물도 그렇습니다. 나를 건강하게 해 주는 미생물. 보이지 않지만 소중하게 여겨야 할 관계입니다.

'인간(Human)'이라는 단어는 어원이 숲의 비옥한 땅이라는 의미의 'Humus'에 뿌리를 두고 있습니다. 사실, 한 숟갈의 흙(Humus)에는 약 5백만의 박테리아와 2억의 균류, 1백만의 원생동물, 2십만의 조류 기타 생명을 지원하는 모든 삶이 포함되어 있습니다. 이것은 우리 몸이 물과 미네랄 그리고 다른 세포군보다 10배나 더 많은 생물종의 세포들을 담고 있는 것과 유사합니다. 인체의 반 이상이 미생물종으로 가득하며 피부에만도 115가지의 다양한 종이 서식하고 있습니다. 우리와 자연은 너무나 닮아서 어떤 미생물들은 인간의 세포 내부에서 일생을 마감하기도 합니다. 이는 한 인간이 일생을 끝낼 때, 동시에 상상할 수 없을 만큼 많은 유기체도 함께 생을 끝낸다는 의미입니다. 결국, 아름다운 한 개인의 죽음은 그와 일생을 함께한 무수한 개인들이 함께 사라져 가는 것과 같습니다.

1918년, 독일 과학자 프리츠 하버(Fritz Haber)가 노벨화학상을 받았습니다. 질소와 수소로 암모니아를 합성한 공적 때문이었습니다. 또한 그는 독가스 개발자이기도 하지만 화학비료인 질소비료를 개발했습니다. 이 화학비료는 단기간에 높은 생산량을 보장했기에 미국은 물론 제3세계에도 원조되었습니다. 그렇게 인류가 수천 년간 지속했던 자연농법이 점점 사라지고 화학 농법이 들어섰습니다.

"새는 다 어디로 갔을까? 한때 새들의 아름다운 노랫소리로 가득 찼던 아침엔 어색한 침묵만이 감돌았다. 죽은 듯 고요한 봄이 온 것이다. 사람들이 스스로 저지른 일이었다."

– 레이첼 카슨, 『침묵의 봄』

인간이 살충제와 같은 화학약품을 대량으로 뿌리면서 새와 벌과 나비 등이 다 사라져 조용해진 봄을 이야기합니다. 당시만 해도 인간이 만들어 낸 화학 물질들은 위대한 인간의 미래를 보여 주는 것들이었습니다. 농업에서 가장 큰 적이었던 병충해를 과학 기술의 힘으로 모두 죽일 수 있었습니다. DDT(유기염소 계열의 살충제이자 농약)를 뿌리면 모든 벌레가 박멸되었습니다.

원래 DDT라는 화학물질은 1870년대에 처음 개발되었습니다. 당시에는 이 물질의 특성을 잘 몰랐습니다. 2차 세계대전 발발 즈음, 독일에서 살인용 화학전을 위해 독가스를 만들던 독일은 DDT의 살충 효과를 발견했습니다. 애초에 살상이 목적이었던 살충제. 1939년에 DDT가 살충 효과가 있다는 사실을 알게 되고 그 효과가 탁월하여 대규모로 활용되었습니다. 한때는 아이들에게 마구 뿌려 머릿니를 없애는 데 사용했습니다.

그리고 1959년, 살충제 DDT 7,000g을 전국 거리에 살포하였고 여름철 해충박멸과 전염병 예방 등을 위해 DDT의 전성시대가 도래하였습니다. 흔히 볼 수 있던 소독차를 따라다니는 어린이들, 어딜 가나 DDT가 사용되었습니다. 살충 효과가 탁월한 DDT를 개발한 업적으로 파울 헤르만 뮐러는 1948년, 노벨 생리 · 의학상을 받게 되었고 당시에는 이 화학약품이 인류를 구원할 거라 믿었습니다.

문제는 이 약품이 벌레만 죽일 거라 여겨 막 뿌렸는데, 새가 죽고, DDT를 뿌리던 사람까지 중독되었습니다. 점점 농축이 심해져서 DDT를 대규모로 사용한 지 10여 년 만에 사람들이 급속히 죽어 가기 시작합니다. 이유도 모른 채. 결국, DDT가 모든 생태계를 파괴하는 물질이 아닐까 의심되기 시작하였습니다. 이 점을 지적한 『침묵의 봄』을 통해 화학물질 남용의 심각성에 대해 각성하는 사람들이 생겼고, 1972년 세계는 DDT 사용을 금지하게 됩니다.

"곤충을 향해 겨누었다고 생각하는 무기가 사실은 지구 전체를 향하고 있다는 사실이야말로 크나큰 불행이 아닐 수 없다."

– 레이철 카슨

현대인은 의술의 도움으로 생명은 연장할 수 있게 되었지만, 과거에 비할 바 없이 많은 질병을 얻었습니다. 아토피성 질환, 암, 파킨슨병, 제1형 당뇨병, 신장 질환, 다발성 신경경화증 등 자가면역 질환을 피할 수 없게 된 것입니다. 어떤 사람은 친환경 무농약 식품을 먹어 안전하다고 믿을지 모르겠지만, 실제 토양에 침전된 살충제와 질소비료의 부산물들은 50년이 지난 지금까지도 남아 있습니다. 특히 대기업 기계 농법으로 재배된 옥수수와 대두로 만든 사료를 먹고 키운 가축을 인간이 먹어 다시 흡수되기도 합니다. 원래 엄마의 모유엔 면역 체계를 키울 수 있는 성분이 가득했지만, 산모가 지닌 발암물질과 환경호르몬이 모유를 통해 아이에게 전달되는 것도 무시할 수 없는 일입니다.

화학비료와 농약은 생산력이기에, 아직도 여전히 사용되고 있습니다. 채소와 과일을 깨끗이 씻어 먹으라고 권고하지만, 표면이 문제가 아니라 이미 흡수된 성분이 문제입니다. 학계가 적극적으로 나서지 못했던 것은 폭발적인 인구 증가를 흡수할 만한 생산성을 보장할 방법이 특별히 없었고, 관행 농업과 세계적인 곡물회사의 영향력에 과학자들이 완전히 자유로울 수 없기 때문입니다.

EM을 처음 규명했던 일본의 히가 테루오 박사 역시 관행 농업의 생산성을 추종했던 농민들과 비료와 농약 회사의 지원을 받은 과학자들로부터 맹비난을 받았습니다. 농약과 화학비료로 인해 지하수와 토양이 오염되고 다음엔 더 많은 비료를 사용해야 토양은 열매를 맺게 됩니다. 결국, 악순환이 반복되면서 땅은 점점 더 황폐해집니다. 특히 고농축 질소비료가 남기는 질산염은 작물에 그대로 흡수되고 토양에도 남게 됩니다. 이 물질은 알츠하이머와 파킨슨병을 유발하고 아이에겐 아토피와 주의력결핍 과잉행동장애(ADHD)의 원인이 되었을 뿐 아니라 유아는 사망에 이를 수 있는 치명적인 물질로 알려졌습니다. 현대에 들어와 원인을 알 수 없는 각종 질병이 많아졌는데, 이는 물론 의학 기술의 발전으로 인해 질병을 분류하는 능력이 높아진 때문도 있지만, 토양의 오염으로 인한 각종 유해물질을 인류가 차곡차곡 흡수한 결과이기도 합니다. 땅이 죽으면 사람이 죽는다는 보편적 신리를, 우리는 이미 겪은 것입니다.

2011년 구제역이 전국을 휩쓸고 있던 1월, 〈한겨레신문〉은 경기도 연천의 한 농가를 찾았습니다. 구제역 발병 50일 차, 인근 농장이 모두 큰 피해를 보고 있을 때 한우 150두를 사육하던 한 농가만이 홀로 청정했기 때문입니다. 기자가 비결을 묻자, 주인 명인구 씨는 유용 미생물(EM)을 사료에 섞여 소에게 먹이고 물에 희석해 축사 주변에 매일 뿌리는 것이라고 답했습니다. 그의 농장 앞 200m 지점까지 구제역이 번졌고, 구제역 발원지였던 경북 안동 지역을 다녀온 축산 분뇨 처리업체 직원들이 방문했던 탓에 당국은 그의 농장에 대해 4차례나 표본 조사를 했지만 모두 건강한 것으로 확인되었습니다. 그는 2007년 브루셀라병으로 소 2마리를 잃고 EM 원액과 구연산으로 발효액을 만들어 매일 소에게 먹이고 축사를 청소했다고 합니다. 당시 구제역으로 전국에서 4월까지 350만 마리의 소와 돼지를 살처분했다는 사실을 기억해야 합니다.

사실 이런 사례는 EM을 토지 정화와 식량 증산을 위해 사용한 많은 나라에서 입증되고 있습니다. 2001년 일본의 치바현에서 하루 3~4

마 토의 하수를 EM으로 정화한 결과 해마다 어획량이 줄어만 가던 이세새우가 기록적으로 잡힌 사례나, 히로시마현 우츠미촌에선 김 수확량이 2배로 느는 등 EM 농업을 선구적으로 도입한 일본은 물론, 덴마크와 오스트레일리아 등의 유럽에선 축산분뇨 처리와 오수, 토양 정화를 위해 EM을 이용한 지 오래입니다. 현재는 세계 150개국에서 EM 농법을 도입해 성과를 발표하고 있습니다.

EM은 잔류농약의 분해는 물론 중금속과 방사능의 감소에도 효과가 있습니다. 토양에 EM과 유기물을 반복적으로 투입하면 어느 시점부터 다수확 고품질의 효과를 얻을 수 있습니다. 이 같은 특성은 EM의 주요 구성균인 광합성 세균으로 인한 것으로 밝혀졌으나, 광합성 종균을 투입한다고 해서 바로 효과를 볼 수 있는 건 아닙니다. 땅에는 광합성 세균 말고도 메탄균이나 황산환원균 등이 있는데 이들과 광합성 세균이 동반하면 분열 속도가 매우 늦습니다. 하지만 동반균을 유산균이나 효모로 바꾸어 투입하면 분열 속도가 극적으로 빨라져 흙의 부식도 빨라지며 유기물과 미네랄이 항산화 상태로 바뀌게 됩니다. 또한, 유기물 함량이 높아지며 여기에 지렁이와 같은 생물이 증가하면서 자연히 환경 정화가 이루어지게 됩니다.

기름진 표토(表土)에는 토양 1g당 세균 수가 수십억에 달하기도 합니다. 이러한 미생물의 작용은 사람 몸속 장에서의 활동과 유사한데, 유용 미생물이 많아지면 중간미생물 역시 포섭되어 유익균을 생성하지만, 그 반대로 유해 미생물이 많으면 땅이 썩어 부패균에서 뿜어내는 악취와 오염으로 인해 너는 농업용 식물이 자라지 않는 더러운 땅으로 변하게 됩니다. 앞서 말했듯 EM은 항산화 작용을 하기에 친환경 재료와 EM을 적절히 활용하면 사람에게 이로운 땅으로 변화시킬 수 있습니다. 농업용으로 사용하면 고품질의 안전한 작물을 많이 얻을 수 있고, 축산용으로 사용하면 악취를 제거하고 가축의 면역력을 높이며 육질도 개선되고 가축이 사료를 체내에 흡수하는 효율성도 높아집니다.

국내 한국환경과학회 연구진은 2006년, 『양돈장 분뇨의 부숙 과정에서의 DO 변화와 EM의 첨가에 따른 오염물질 및 악취 저감 효과의 비교』를 발표했습니다. EM을 넣은 반응조에선 다른 대조군에 비해 악취가 꾸준히 감소, 18일경부터는 분뇨의 자극적인 냄새를 전혀 느낄 수 없었다는 연구 결과를 내놓았습니다. 앞서 언급했듯 한국에서도 EM은 하수 처리, 친환경 비료, 수질 정화, 악취 저감 등의 다양한 분야에서 활용되고 있습니다.

관행농법의 한계 미생물농법으로 다가가다

1933년, 루스벨트는 32대 미국 대통령으로 취임했습니다. 그는 선거 운동을 하며 전국을 돌아다녔는데, 미국 중서부 지역의 농지에서 기묘한 광경을 보았습니다. 토지가 잘게 부서진 모래처럼 되어 사막으로 변해 버린 지역이 무려 80만㎢에 걸쳐 이어져 있던 것입니다. '황진지대'라고 농경지가 사막화된 지역을 일컫던 말이었습니다. 4선 대통령의 관록이 괜히 생긴 것이 아닌 현실을 직시하는 지도자였습니다. 그는 TV 카메라 앞에서 말했습니다.

"이제 우린 자연과 상생하는 법을 배워야 합니다. 더는 과거처럼 자연에 맞서선 안 됩니다."

그는 대통령 직권으로 '토양보호청'을 설립했고, 이것이 바로 오늘날 미국 농무부의 자연자원보호청 NRCS(Natural Resources Conservation Service)입니다. 그렇다면 왜 루스벨트는 사막화 현상을 보면서 과거 농법과 결별해야 한다고 말했던 것일까요? 그 이유는 바로 화학비료와 논밭을 가는 경운(耕耘), 제초제 사용으로 인한 땅의 죽음 때문이었습니다. 당시 토양을 연구하던 학자들은 경운 농법, 즉 봄철에 땅을 모두 갈아 파종하고 거두는 농법이 농경지의 사막화를 부추긴다는 것과 동시에 화학비료와 제초제까지 투입되면 몇 년 안 가 땅이 황폐해진다는 사실을 발견했습니다.

이 방식은 땅속의 미생물을 모두 죽여 땅과 작물은 화학비료에 절대적으로 의존하게 되어 나중엔 같은 비료로는 효과를 볼 수 없는 결과를 낳게 됩니다. 약화된 토양에서 같은 생산량을 얻기 위해 더 많은 질소비료를 투입했고, 면역이 약해진 곡물을 보호하기 위해 더 많은 농약을 살포하는 악순환을 40년 이상 지속한 것입니다. 앞서 언급했던 나치 독일의 독극물을, 미국의 농약 회사는 제초제로 사용했습니다.

글리포세이트 제초제는 다이옥신을 내포하고 있었고 너무나 강력해 이것을 사용한 농장에서 멀리 떨어진 지역의 식수에서도 검출될 정도였습니다. 옥수수 통조림과 같은 가공식품을 먹은 엄마가 아이에게 수유하면 소아암과 선천적 장애를 얻는다는 것이 많은 논문을 통해 밝혀졌습니다. 또한, 이 물질은 장내 미생물의 군집까지 막아 면역 체계를 완벽히 망가뜨린다는 것도 알려졌습니다.

미국 법원이 이 제초제 제작사에 20억 달러의 배상 판결을 내렸지만, 문제는 계속되었습니다. 제초제를 살포한 땅을 버리지 않는 이상 축적된 독성물질은 이후의 작물에도 계속해서 영향을 미쳤기 때문입니다. 이후 인체에 치명적인 제초제의 생산은 중단되었지만, 장기적으로 흡수할 경우 생명에 치명적인 농약은 오늘날에도 사용되고 있습니다. 이는 미국만의 문제가 아니었습니다. 오늘날 1970년대 화학농법이 도입된 이후 세계의 농지 중 3분의 1이 유실되어 사막화되었습니다. 과학자들은 2050년까지 약 50만 명의 인구가 농지 사막화로 인해 난민으로 전락할 것이라 경고하고 나섰습니다.

한국에서 이 문제가 중대한 이슈로 떠오르지 않은 이유는 논에 물을 대서 경작하는 논농사의 비중이 크기 때문이기도 하고 화학비료와 농약이 모두 땅에 남지 않고 개천과 강, 바다로 흘러가기 때문에 눈에 잘 띄지 않기 때문입니다. 하지만 도지의 약화와 환경오염이라는

문제는 피해 갈 수 없습니다. 농지 면적의 감소는 표면적으로는 지구온난화로 인한 기후변화의 결과로 보였는데, 2000년대 들어 과학자들에 의해 관행농법이 지구온난화의 중대한 원인이라는 과학적 증거가 거듭 발견되고 있습니다.

프랑스 국립농업연구소[France's Agricultural Research Agency, 이하 INRA(Institut national de la recherche agronomique)]는 100년 이상 토양을 연구한 데이터를 가진 곳입니다. 그들은 2015년 파리의 기후협약 포럼에서 가장 실효적이며 인상적인 제안을 하였는데, INRA는 관행농법이 지구온난화의 주범이며 땅을 원래대로 돌리는 활동을 통해 지구의 탄소를 줄일 수 있다고 주장했습니다.

우리는 지금 지구온난화를 늦추기 위해 탄소 배출을 줄이려 하고 있습니다. 여기서 말하는 탄소는 이산화탄소로, 순수한 탄소는 해악은 아닙니다. 우리 몸의 16%는 탄소로 되어 있고, 이것은 식물과 동물에게서 얻은 것입니다. 식물은 광합성을 통해 대기 중의 이산화탄소를 흡수해 탄소로 바꾸는데, 이 탄소연료 중 40%는 뿌리를 통해 토양 미생물의 먹이로 공급됩니다. 미생물은 이 탄소를 먹어 흙에 유기물을 배설하는데, 이것이 식물의 주요 영양소가 됩니다.

중요한 것은 이 과정에서 글로말린이라는 탄소 접착제를 생성한다는 것입니다. 이것은 땅속 물의 흐름과 공기의 흐름을 조율하는데, 땅을 붙잡아 두고 땅속에 작은 주머니들을 만들어 탄소를 고정하는 역할을 합니다. 이는 지하의 탄소를 식물에 공급하여 지상으로 올라오지 못하는 일종의 격리막 역할을 하는 것입니다. 그런데 땅을 갈고 질소비료와 농약을 뿌려 미생물까지 죽게 만드니, 식물은 죽고 땅은 탄소를 붙잡지 못해 토지는 무점성의 사막으로 변화되어 지구온난화를 더욱 부추기게 되었습니다.

제로 화학비료를 사용하는 관행농법의 땅에서는 미생물이 거의 발견되지 않지만, 살아 있는 풍성한 흙 한 줌에는 이 지구에서 생존했던 모든 인류의 수보다 많은 미생물이 생존합니다. 건강한 땅은 물과 이산화탄소를 흡수하지만, 그 반대의 경우 수분은 증발하고 이산화탄소는 배출됩니다. 땅이 죽으면 식물이 물을 가두지 못하기에 공기에 수분을 공급할 토대가 없어지고, 결국 뜨거운 공기만 남은 대지는 비구름을 몰아내 절대적으로 강수량이 부족한 죽음의 땅으로 바뀌어 악순환이 반복됩니다. 지구 대기의 흐름과 이산화탄소의 배출을 위성으로 촬영한 결과는 매우 놀라웠습니다. 농부들이 땅을 갈아 파종하는 3~4월에 가장 많은 이산화탄소가 배출되었고 지구의 온도도 급상승한 것입니다. 이것이 안정화되는 시기는 7~8월인데 식물이 자라 땅이 다시 전하력을 가지는 무렵이었습니다.

그런데 화학비료와 농약을 사용하는 관행 농업은 작물에만 영향을 준 게 아니라 축산물과 어류 양식업에도 심각한 해악을 끼쳤습니다. 농약과 비료를 비행기로 살포하는 농장지대에서 가장 많이 기르는 작물이 바로 옥수수와 대두입니다. 이것은 전 세계에 가축 사료로 팔려 나가고 가공 통조림으로도 유통됩니다. 양식장에서도 항생제와 각종 부산물을 섞어 만든 혼합사료를 사용하는데, 반려동물용 사료는 더 말할 것도 없습니다. 땅의 오염이 가축과 강과 바다의 오염으로 직결되고, 관행농법과 같은 시스템으로 운영하는 가축·양식업 역시 독성물질의 재앙으로부터 비켜 나갈 방법이 없는 것입니다.

결국, 미생물이 인류의 건강과 식량은 물론 지구의 생명까지 지키고 있다는 것이 밝혀졌습니다. 지구의 주인은 미생물이며 지구를 살리고 있던 본체가 미생물이라는 것을 우린 이제야 조금씩 깨닫고 있습니다. 땅을 되살려야 사람이 살 수 있다는 경구는 "좋은 미생물을 살려야 인간과 지구가 살 수 있다."라고 바꿀 수 있을 것입니다.

친환경 농자재

땅의 균형을 유지하는 미네랄

"작물 생육은 물통에 들어 있는 영양성분 중 가장 낮은 부분의 영양성분에 의해 영향을 받는다."

1950년까지만 해도 의학계에선 인간에게 필요한 필수영양소를 거의 규명했다고 생각했습니다. 물론 그 말이 틀린 것은 아닙니다. 세상에는 매우 작은 성분으로 존재하지만, 결정적인 영향을 미치는 존재들이 있습니다. 바로 비타민과 미네랄입니다. 칼슘, 마그네슘, 인, 나트륨, 칼륨, 염소와 같은 것이 대표적인 미네랄에 속합니다. 필요한 양은 매우 적지만, 이것이 부족했을 때 생기는 문제는 너무나 다양하게 나타납니다. 산모에게 칼슘이 부족하면 신생아는 온전한 모습의 골격을 얻지 못하고, 철분이 부족하면 적혈구를 생성하지 못해 빈혈이 생깁니다. 당뇨 환자의 경우 아연이 결핍되면 비타민 B6를 생산하지 못해 혈당 조절에 실패하게 됩니다.

1970년 미 농무부가 발표한 자료에 따르면, 1950년대의 감자에 비해 1970년대의 감자가 지닌 비타민과 미네랄은 90% 가까이 줄었다고 합니다. 지금도 이 소량 필수영양소는 줄어들고 있습니다. 1990

년 일본의 자료에 따르면, 1970년대의 복숭아 하나에 함유된 비타민을 얻기 위해선 1990년대의 복숭이는 50개나 섭취해야 같은 수준의 비타민을 얻을 수 있다고 합니다.

우리나라 국민 60%가량이 미네랄 결핍증인데, 우리나라 토양 역시 현재는 미네랄이 상당히 결핍된 상태라고 합니다. 이는 화학 농법으로 인해 토양이 황폐되어 미생물이 감소했기 때문입니다. 식물은 뿌리를 통해 미네랄을 흡수하므로 미네랄을 풍부하게 해 주는 것이 건강한 땅을 만드는 중요한 요소입니다. 작물 생장에 필요한 필수원소는 총 16종으로, 다량원소와 미량원소로 구분할 수 있습니다.

리비히의 최소량 법칙

"흙과 공기 중에는 다양한 영양소들이 존재하는데, 무조건 많다고 좋은 게 아니다. 식물이 성장하는 데에는 한계가 있는데, 그것은 가장 적게 존재하는 영양소에 의해 결정된다. 즉, 최소한으로 존재하는 영양소가 식물의 성장을 제한한다. 이것을 '최소량의 법칙(ℓaw of the Minimum)'이라고 한다." 독일 생물학자 리비히(Justus Freiherr von Liebig, 1803~1873)의 주장입니다.

다시 말해, 제아무리 좋은 환경에 다른 영양소가 풍부하더라도 미네랄이 부족한 토양에서는 건강한 먹거리를 기대할 수 없다는 것입니다. 질소와 인이 주성분인 화학비료와 병해충을 막기 위한 각종 농약 등은 모두 문제를 일으킵니다. 비료의 상당량은 식물에 흡수되지 않습니다. 결국, 많은 비료는 땅으로 흘러들어 토양을 황폐화시키고 강이나 바다로 유입되어 환경 파괴를 유발합니다.

톨스토이의 유명한 단편소설 『사람에게는 얼마만큼의 땅이 필요한가?』에 이러한 내용이 있습니다. 애초 방해받지 않고 농사지을 땅을 갖는 것이 유일한 욕심이었던 소작농 바흠은 일생일대의 희소식을 접합니다. 걸어서 도달한 만큼의 땅을 값싸게 얻을 수 있다는 것입니다. 다만 해가 지기 전에는 반드시 제자리로 돌아와야 한다는 조건이 붙습니다. 바흠은 열심히 욕심을 내어 걷습니다. 앞으로, 앞으로 걸어갈수록 점점 더 비옥하고 탐스러운 땅이 눈앞에 펼쳐집니다. 다리가 아팠고 가슴이 답답했습니다. 하지만 더 많은 땅을 가지고 싶었습니다. 숨이 붙어 있는 한 최대한 멀리, 최대한 빨리 걸은 덕분에 그는 약속대로 해가 지기 전에 원래 자리로 돌아왔습니다. 그러자 촌장이 말했습니다.

"참으로 훌륭하오, 당신은 정말 좋은 땅을 차지하셨소."

하지만 무리한 탓에 바흠은 피를 토하고 그 자리에서 죽고 맙니다. 하인은 괭이를 집어 들고 바흠의 무덤으로 머리끝에서 발끝까지의 치수대로 정확하게 3아르신을 팠습니다. 그리고 바흠을 묻었습니다. 3아르신은 그가 차지할 수 있었던 땅 전부였습니다. 그에게 온전히 돌아간 것은, 목숨 바쳐 얻고자 했던 광활한 대지가 아닌 한 평 땅에 불과했습니다.

인간은 필요 이상의 것을 소유하려고 욕심을 부립니다. 그래서 치명적인 문제점을 알고도 당장 얻는 이익에 눈이 멀어 토양을 오염시킵니다. 우리 속에 농부 바흠이 많으면 많을수록 토양의 황폐화가 진행될 수밖에 없습니다. 이제는 토양을 살리기 위한 현명하고 지혜로운 방법에 눈을 돌려야 합니다.

천연미네랄
바닷물 농업 활용

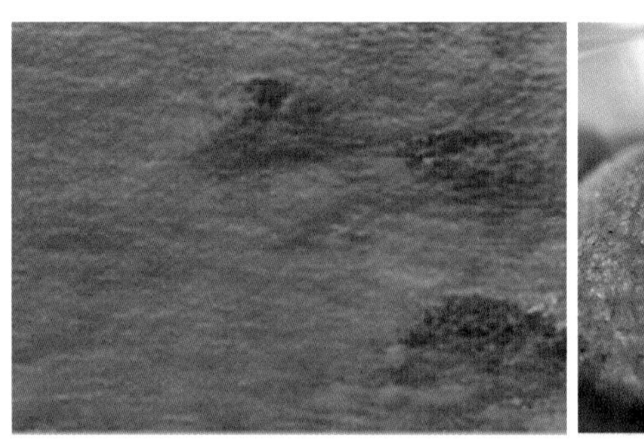

흔히 바닷물이 짜기에 소금 성분만 있다고 생각할 수 있지만, 실제로 바닷물의 3.5%가량의 성분은 광물질입니다. 광물질은 염화나트륨 77.9%, 염화마그네슘 6.1%, 황산마그네슘 4%, 황산칼륨 2.1%, 기타 9.9% 등으로 구성되어 있습니다. 우리나라 농촌진흥청에선 2010년부터 바닷물이 토양에 주는 이점에 관한 연구를 통하여『바닷물의 농업적 활용 매뉴얼』이라는 책자를 배포했습니다. 이미 친환경 농업을 연구했던 선각자들은 작물의 잎과 줄기가 단단해져 튼튼하게 자라고, 고추 흰가루병과 같은 병해에 강하다는 것을 잘 알고 있었습니다. 바닷가 인근의 농민은 바닷물을 직접 사용하고, 도시농업을 하는 이들은 주로 천일염을 이용해 바닷물 농법을 실천하고 있습니다.

소금의 효과

- 다양한 각종 무기 영양소 함유
- 작물이 튼튼하게 자라도록 도움
- 병충해 방제 효과가 있어 고추 흰가루병 포자 88% 억제(바닷물 30배액)
- 파밤나방: 알, 유충 살포 시 70% 감소
- 잡초 방제 효과

염 저항성의 확인

- 염 저항성이 높은 작물: 양파, 마늘, 고구마, 감자, 감귤
- 염 저항성이 낮은 작물: 오이, 포도, 딸기, 보리, 밀

바닷물 살포 농도

- 원액~1배액: 마늘, 양파, 고구마, 감귤
- 5배액: 감자, 토마토
- 10배액: 멜론, 배추, 수박, 참회, 시금치
- 20배액: 무, 호박, 고추
- 30배액: 딸기
- 40배액: 오이, 포도
- 토양: 10a당 25~50kg
- 바닷물: 20배액
- 소금: 600배

소금(천일염) 밑거름양

- 토양에 소금 사용: 10a당 25~50kg
- 토양에 바닷물 사용: 20배액

미네랄의 원천 풀빅산

1930년 구소련의 농업기구에서 농산물 증산을 위해 객토 작업을 하다 어떤 땅의 흙을 이용했습니다.그곳에서 생산된 농작물이 맛도 좋고 크기도 좋아 성분을 분석했는데, 그 성분이 '풀빅산(Fulvic acid)'이었습니다. 1억 년 전, 지금과는 비교도 할 수 없을 정도로 풍성했던 식물이 땅에 퇴적되어 시간이 흘러도 석유나 석탄이 아닌 유기물의 형태로 보존되고 있는 지층을 발견한 것입니다.

5000년 전에 중국과 인도에선 이미 질병의 치유제로 사용하고 있었다고 하는 풀빅산은 천연 유기물로 70여 종의 천연 미네랄이 골고루 들어 있습니다. 천연 미네랄은 작물이 튼튼하게 잘 자라고 강력한 항생 작용을 하며 미생물의 활동을 활성화합니다. 현재 글로벌 제약사들이 이 풀빅산에 주목하고 있는 이유는 사람의 피부나 면역 강화에 활용할 수 있기 때문입니다.

친환경 살균제 트윈옥사이드

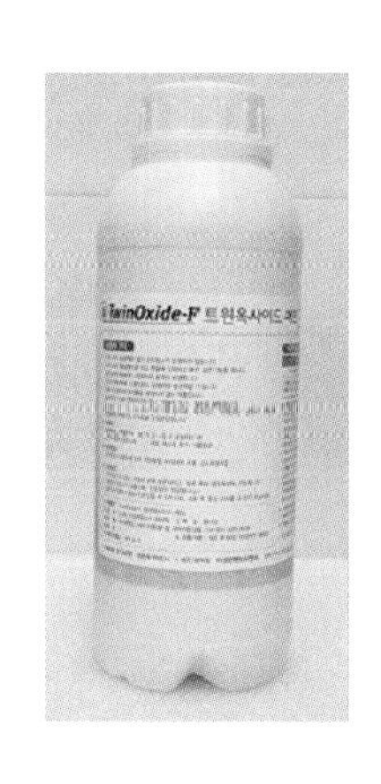

코로나 19 팬데믹 이후 인체에 100% 무해한 살균제라는 홍보 문구를 많이 보았을 것입니다. 심지어 사무실의 공기에 살포해도 무해하다는 분사형 살균제도 많이 출시되었고, 제품의 상당수는 트윈옥사이드(TwinOxide)를 사용한다고 홍보하였습니다. 트윈옥사이드는 세계보건 기준에서 지정한 식품첨가물 중 매우 안전하다는 A1 등급을 부여받았고, 미 식약청에선 음용수로도 허가하고 있습니다. 꽤 오랜 기간 살균력을 유지하고, 유기물과 거의 반응하지 않아 염소와 같은 부산물이 생성되지 않는 안정성을 가지고 있습니다. 미생물 제어 능력은 염소와 비교해 250배 정도 강하며, 냄새와 맛에 영향을 미치지 않습니다. 이러한 효능 때문에 트윈옥사이드는 친환경 농업 재료로도 주목받고 있습니다.

효능

- 농작물 병해 예방 및 방제
- 농약 잔류 독성 제거
- 식품 신선도 유지

- 코로나 19 바이러스 살균

사용법

- 병해 방제: 500~1,000배액
- 외부 공간 살포: 300~500배액
- 내부 공간 살포: 1,000배액
- 물을 받은 상태에서 트윈옥사이드 희석
- 병해 방제 시 트윈옥사이드 살포하고 방제약제 살포

주의 사항

- 반드시 햇빛(자외선)에 노출되지 않는 서늘한 곳에 보관
- 상온에서 60일 이상 지난 후 사용할 경우 냉장 보관
- 희석한 제품은 1일 이내에 사용

우리 모두의 행복
텃밭 가꾸기

일생을 농부로 사셨던 그분은 '세 알의 진리'를 말했습니다.

"땅을 파고 씨앗을 심을 때는 한 구멍에 항상 씨앗 3개를 심어야 한다. 1개는 해에 주고, 다른 1개는 토양에 주고, 나머지 1개는 인간을 위한 것이지."

"만일 한 구멍에 씨앗을 2개만 넣으면 어떻게 되지요?"

"그러면 수확을 기대하지 못해. 자연은 고마움을 아는 사람을 위해 식물을 자라게 하거든."

우리 농산물이 우리의 먹거리로 오기까지 농부는 자연에 끝없이 감사를 나타냅니다. 그 고마움이 열매가 되어 우리의 식단을 풍성하게 합니다. 농부가 키워낸 한 알의 밀은 우리에게 무엇일까요? 어느 시인은 "한 알의 열매 속에서 우주를 보며, 한 송이 들꽃 속에서 천국을 본다. 그대 손바닥 위에 무한을 쥐고 한순간 속에 영원을 보라!"라고 노래했습니다. 한 알의 밀은 소우주입니다. 밀 속에는 천둥, 번개, 뙤약볕, 비바람이 들어 있습니다. 한 알의 밀은 힘든 현실을 고스란히 받아들이며 열매로 영글었습니다. 힘겨운 시간을 버티어 소우주를 가지게 된 열매는 우리의 생명을 키웁니다. 자연에서 나온 모든 것은 소중한 '우리'입니다.

친환경, ECO, 그린 마크와 같은 단어들이 넘쳐나지만, 엄밀히 따지면 유기농업과 친환경 농업은 다릅니다. 한국의 식품 분류에 따르면 작물에 적정선의 비료와 농약을 사용해 재배해도 친환경으로 분류되지만, 유기농업은 화학비료와 농약을 일절 사용하지 않고 사용하는 재배법입니다. 유기물, 미생물 등 천연자원을 사용하여 안전한 농산물 생산과 농업생태계를 유지 · 보전하는 농업만이 유기농업인 셈입니다. 집과 뜰에서 유기농업으로 텃밭 가꾸기의 방법을 알아봅시다.

한국의 텃밭

외국의 텃밭

텃밭이 좋은 이유

- 전 가족이 휴일에 여가를 즐길 수 있습니다.
- 적은 돈으로 신선한 농산물을 얻을 수 있습니다.
- 직접 생산한 채소를 식탁에 올릴 수 있습니다.
- 청소년에게 자연체험학습을 할 수 있습니다.
- 삶의 여유를 찾을 수 있습니다.

약점

- 베란다: 햇빛이 부족하고 과채류와 뿌리채소는 생육이 어렵습니다.
- 옥상: 건조하고 오랫동안 고온에 노출될 우려가 있습니다.

텃밭 가꾸기 에티켓

- 덩굴이 나가는 농작물(호박 등)을 심지 말 것
- 키가 큰 식물(들깨, 옥수수 등) 재배에 유의할 것
- 포장은 깨끗이 관리할 것

- 미숙한 퇴비 사용에 유의할 것
- 경계를 위해 줄을 치지 말 것
- 남의 밭도 내 밭처럼 소중히

베란다 고려 사항

- 햇빛(아침)이 중요
- 어떤 작물을 심을 것인가
- 적당한 용기가 필요
- 좋은 흙을 준비
- 발효 퇴비가 필요
- 물 공급이 원활
- 웃거름이 필요

작물 선택 시 유의 사항

- 가급적 농약을 적게 살포하는 작물 선택
- 가족 참여가 가능한 작물 선택
- 재배가 쉬운 작물 선택

텃밭에 알맞은 채소

- 열매채소: 고추, 대추토마토, 호박, 가지
- 잎, 뿌리채소: 배추, 무, 시금치, 당근
- 인경 채소: 마늘, 풋마늘, 부추, 쪽파
- 두류: 강낭콩, 완두

텃밭에 알맞은 산채

- 잎: 취나물, 머위, 고사리
- 뿌리: 도라지, 더덕
- 나무: 음나무, 두릅, 참중나무

어떤 작물을 심을 것인가	– 잘 자라는 채소(상): 미나리, 부추, 쪽파, 달래, 신선초, 비타민채, 치커리 – 잘 자라는 채소(중): 상추, 쑥갓, 청경채, 셀러리, 잎들깨, 참나물, 돌나물 – 잘 자라는 채소(하): 시금치, 겨자채, 머위, 고들빼기, 방울토마토
잘 안 자라는 채소	– 열매채소: 고추, 가지, 토마토, 호박, 수박, 딸기 – 뿌리채소: 감자, 무, 당근, 고구마 – 잎채소: 브로콜리, 양배추
작물에 걸맞은 화분	– 잎채소: 화분 깊이 10㎝ – 열매채소: 화분 깊이 15㎝ – 뿌리채소: 화분 깊이 20㎝
좋은 흙 준비하기	– 물 빠짐이 좋아야 한다. 물을 지니는 힘이 좋아야 한다. – 통기성이 좋아야 한다. – 가벼워야 한다. – 병균이 없어야 한다.
농사 계획 세우기	– 작물을 가꾸는 시기를 사전에 알아 둔다. – 심을 작물을 결정한다. – 면적과 위치를 결정한다.

땅 가꾸기

- G4000 발효액 시용: 2월 중하순경 G4000 발효액을 뿌려 토양에 유익한 미생물이 자리 잡도록 유지
- 퇴비 및 석회 시용: 파종 또는 정식 1개월 전
- 퇴비는 발효 퇴비 사용: 퇴비는 1년 전에 준비

농기구와 자재 준비하기

- 농기구: 호미, 삽, 괭이, 물뿌리개 등
- 자재: 석회, 씨앗, 비료, 모종 등

씨 뿌리기

이랑 만들기

씨 뿌리기

흙 덮기

모종 심기

구덩이 파기 / 물주기 / 모종 심기

가볍게 눌러줌 / 심어진 상태 / 활착이 되어감

인공 상토

– 장점: 가볍다, 취급하기 편리합니다.

– 단점: 비료 성분이 부족합니다.

텃밭
1·3·5·7·9 운동

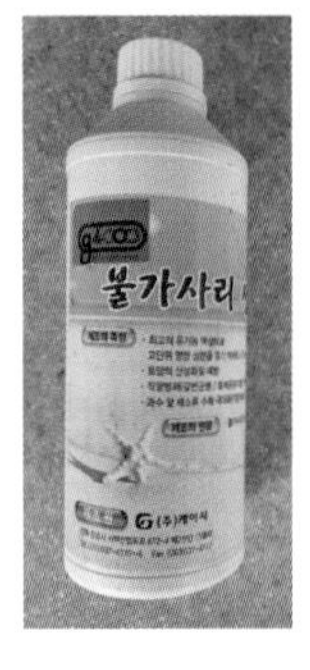

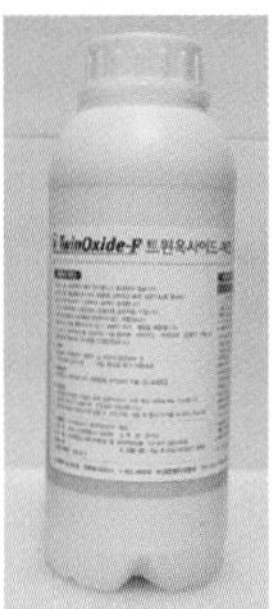

텃밭
1·3·5·7·9 **운동**

1 한 가정에서

3 세 평의 텃밭을 만들어

5 다섯 가지 기술을 적용하여

7 일곱 가지 채소를 가꾸어

9 구십 세 이상 건강하게 살자는 운동

디섯 기지
실천 기술

1. G4000 바이오팜 미생물을 활용합니다.

2. G4000 발효 톱밥 상토를 사용합니다.

3. G4000 불가사리 비료를 사용합니다.

4. 미네랄(풀빅산) 비료를 사용합니다.

5. 친환경 살균제 트윈옥사이드를 적절히 활용합니다.

＊ 7가지 채소: 토마토, 고추, 가지, 상추, 부추, 깻잎, 열무

– 재배하기가 쉽습니다.

– 농약, 화학비료를 적게 사용해도 재배가 무난한 작물입니다.

– 컬러 채소로 구성되었습니다.

– 한 번 심으면 수확 기간이 긴 작물로 구성하였습니다.

– 병해충이 비교적 적은 작물로 구성하였습니다.

7가지 채소

"토마토는 21세기 인류가 먹어야 할 최고의 식품입니다."

① 영양적 가치: 리코펜 함유, 노화 방지, 전립선 예방

② 재배 기술: 햇볕을 좋아함, 가급적 접목묘를 구입

③ 심는 시기: 4.25.~5.5. 심는 간격: 35~40cm

"고추의 비타민 C는 가장 값이 싼 부작용이 없는 감기약입니다."

① 영양적 가치: 캡사이신 함유, 비만 예방, 치매 예방

② 재배 기술: 높은 온도를 좋아함

③ 심는 시기: 4.25.~5.5. 심는 간격: 40~45cm

"가지는 뭉친 피를 흩어 주어 혈액순환을 좋게 합니다."

① 영양적 가치: 안토시아닌 함유, 신경통 완화, 뇌졸중 예방

② 재배 기술: 고온 및 햇볕을 좋아함

③ 심는 시기: 4.25.~5.5. 심는 간격: 45~50cm

"상추는 스트레스 해소와 불면증에 도움을 줍니다."

① 영양적 가치: 락투카리움 함유, 치매 예방, 뇌 건강

② 재배 기술: 15~20℃의 서늘한 기후를 좋아함

③ 심는 시기: 3월 하순~8월 하순

"부추는 강장 효과가 있는 영양 만점의 채소입니다."

① 영양적 가치: 베타카로틴 함유, 간 · 혈액순환, 피로 해소

② 재배 기술: 18~20℃의 서늘한 기후를 좋아함

③ 심는 시기: 4월 하순

"들깨는 오메가3 지방산이 풍부하여 성인병 예방 좋은 채소입니다."

① 영양적 가치: 알파리놀렌산 함유, 혈액순환, 뇌 건강

② 재배 기술: 건조에 강함

③ 파종 시기: 깻잎은 5월 상순, 들깨는 7월 중순

"열무는 혈압 안정과 눈을 맑게 하고 기억력에 도움을 주는 채소입니다."

① 영양적 가치: 베타카로틴 함유, 해독 작용, 변비 완화

② 재배 기술: 서늘한 기후를 좋아함

③ 파종 시기: 4월, 8월

식재료의 팔방미인 동아 재배

동아란?

박과에 속하는 일년생 초본식물로 갈색의 털이 있고 6월에 개화하며 꽃은 노란색입니다. 미숙과는 청색을 띄고, 성숙과는 흰 분이 생기며, 재배 방법에 따라 크기는 130㎏까지 생산할 수 있습니다.

학명 및 재배

- 학명: Benincasa Hispida
- 원산지는 인도 및 중국 남부지방으로 추정됩니다.
- 우리나라에서는 조선 시대 『향약채취월령』, 『동의보감』 등 식용 · 약용의 기록이 있습니다.

동아 효능

- 혈당과 지질대사 개선에 도움을 줍니다.
- 기침, 천식, 가래에 효과적입니다.

- 부종 치료와 수액 대사 개선에 도움을 줍니다.
- 지방세포 활성을 억제 및 체지방 축적을 감소하여 다이어트에 도움을 줍니다.

동아의 활용

- 껍질: 이뇨, 전신부종, 천식, 해열에 효과가 있습니다.
- 과육: 각종 식재료에 활용합니다.
- 종자: 지혈 작용, 요로결석, 정신분열, 기억 증진에 도움을 줍니다.
- 뿌리: 말려서 가루를 내어 천식 치료에 활용합니다.

동아 재배의 장점

- 특별한 기술을 요구하지 않아 재배가 쉽습니다.
- 토질을 가리지 않아 물 빠짐만 좋으면 어디에서든지 재배할 수 있습니다.
- 특별한 병해충이 없어 재배가 수월합니다.
- 멧돼지, 고라니 등 야생동물 피해가 적습니다.
- 친환경농산물 생산이 가능합니다.
- 단위 면적당 생산량이 많아 농가 소득에 도움이 됩니다.

동아 재배

① 동아는 고정종으로 자가 씨받이가 가능하며, 동아 1개에 400~500개의 종자가 있습니다.

② 동아는 퇴비 요구가 많은 작물로 1,000㎡ 기준 3,000㎏ 정도 하는 것이 바람직합니다.

③ 정식 1개월 전에 정지 작업을 해 두어야 합니다.

④ 동아는 넝쿨이 5m까지 뻗는 식물이기 때문에 거리를 충분히 두어야 합니다.

⑤ 재단은 5m×2~3m 간격으로 정지 작업합니다.

⑥ 검은색 비닐로 피복하는 것이 생육과 초기 제초 작업에 도움이 됩니다.

⑦ 동아는 가급적 육묘를 심는 것이 좋지만 직파도 가능합니다.

⑧ 옮겨심기 시기는 남부 지방을 기준으로 하여 4월 중~하순 옮겨심기를 합니다.

⑨ 동아는 곁가지를 고르거나 제거하지 않고 재배해도 무방합니다.

⑩ 동아는 옮겨심기 후 35일경(6월 하순) 꽃이 피기 시작하여 가을까지 개화가 이루어집니다.

⑪ 동아는 자가수정을 하므로 별도로 수정을 하지 않아도 됩니다.

⑫ 꽃피는 시기에 강우가 겹치면 착과가 되지 않습니다.

⑬ 동아는 암꽃 개화 후 20일이면 5㎏ 동아를 수확할 수 있습니다.

⑭ 미숙과를 이용하여 각종 식재료에 사용합니다.

⑮ 동아는 암꽃 개화 후 7월 하순경 동아의 흰 분이 과피에 생성됩니다.

⑯ 동아 흰 분은 독성이 있기에 피부나 눈에 닿지 않도록 주의해야 합니다.

⑰ 성숙과를 활용 시 흰 분을 충분히 제거하거나 껍질을 깎은 후 사용합니다.

Recipe 1

토양의 복원, 농축산 발효액으로 해결하다

기본 재료

20ℓ 플라스틱 용기,

물 18ℓ,

당밀 500g,

G4000 농축산 종균 20g,

소금 100g

만드는 방법

① 재료를 준비합니다.

② 물 5l에 당밀 500g, G4000 종균 20g, 소금 100g을 넣고 녹입니다.

③ 녹인 발효액을 플라스틱 용기에 붓습니다.

④ 상온에서 7~10일 정도면 발효가 되며 여름철은 4~5일이면 됩니다.

⑤ 물과의 희석 비율은 [부록] G4000 생활 발효액 희석 비율표를 참고하여 제조합니다.

⑥ 발효액은 그늘에 보관하여 사용합니다.

⑦ 농업 및 축산에 사용합니다.

바다의 해적 불가사리 천연비료로 다가가다

바다의 해적 불가사리

불가사리는 대표적인 극피동물로서 세계적으로 1,800여 종이며 국내에는 100종이 서식하고 있습니다. 우리나라 해역에서 가장 흔하게 볼 수 있는 것은 별불가사리, 캄차카 · 홋카이도 등 추운 지방에서 건너온 아무르불가사리, 바다의 지렁이라 불리는 거미불가사리와 빨강불가사리 등 4종 정도입니다. 이 중 바다생물을 무차별적으로 포식하는 것이 아무르불가사리인데, 나머지 종들은 바다 오염을 막아 주는 순기능을 하기도 합니다.

불가사리는 연안 어장에 다량 서식하며 조개와 바지락 등 유용 어패

류를 포식하고 번식력과 재생력이 뛰어나 천적이 없는 해적생물입니다. 불가사리 한 마리는 1일 바지락 16마리, 피조개1.5마리를 포식하는 것으로 알려져 있는데, 주 산란기인 5~7월 이전에 제거해야 수산자원 보호에 효과가 큰 것으로 알려져 있습니다. 온난화의 영향으로 바다의 생태계도 변화하고 있습니다. 그중에서도 불가사리와 해파리 서식 밀도가 높아지면서 연안의 어족 자원의 황폐화가 진행되고 있지만, 불가사리와 해파리를 제거하여 자원으로 활용하는 기술이 개발되지 않아 불가사리 제거에 한계성이 있습니다.

불가사리, 친환경 비료로 거듭나다

불가사리가 지상에서는 어업 폐기물로 규정되어 있습니다. 불가사리를 물거름으로 발효시켜 활용하면 화학비료를 줄이고 고품질 농산물 및 친환경 농산물을 생산하는 데 효과적입니다. 불가사리는 질소와 철, 마그네슘, 칼슘 등과 함께 유기물로 구성되어 있어 화학비료의 구성 성분과 유사하므로 화학비료 대체재로 사용할 수 있습니다. 특히 해양폐기물인 불가사리를 자원으로 재활용하면 화학비료를 50~90% 줄일 수 있어 환경적으로 좋은 효과를 기대할 수 있으며, 비료 구입에 사용되는 비용을 줄일 수 있습니다. 농작물의 생산성 및 품질을 15~30% 이상 향상시킬 뿐만 아니라 화학비료 대신 불가사리를 이용하여 친환경적인 농산물을 생산할 수 있습니다.

Recipe 2

불가사리·해파리, 천연비료로 태어나다

기본 재료

플라스틱 용기 500l,

불가사리 또는 해파리 250㎏,

물 200l,

G4000 바이오팜 300g,

당밀 40l

만드는 방법

① 불가사리 또는 해파리 250㎏을 준비합니다.

② 물 200ℓ에 당밀 40ℓ, G4000 바이오팜 300g을 넣고 녹입니다.

③ 녹인 당밀 용액을 불가사리 통에 붓습니다.

④ 6~12개월 정도 발효시킵니다.

⑤ 발효된 불가사리/해파리 발효액은 분리하여 상온에 보관합니디.

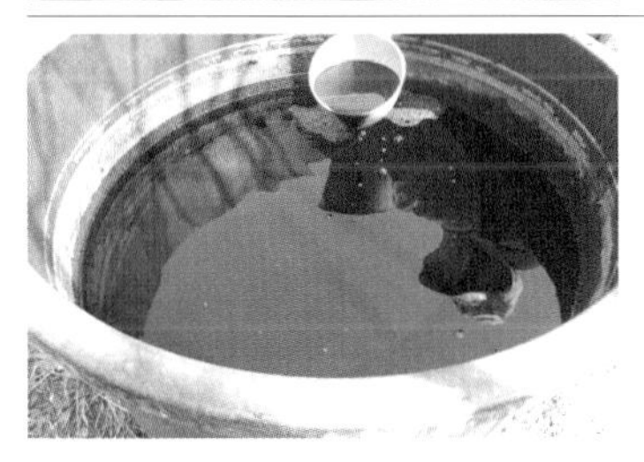

⑥ 엽면시비 또는 관주 시 250~500배액으로 사용합니다.

⑦ 불가사리/해파리 발효액은 7~10일 간격으로 살포합니다.

G4000 발효 톱밥
상토로 태어나다

시설채소 원예작물의 수경재배에 이용되는 재배용 상토의 대부분이 코코피트로 수입에 의존하고 있습니다. 연간 수입량은 2021년 기준 29,520톤이며 주요 국가는 인도가 19,200톤으로 가장 많고, 스리랑카, 인도네시아, 말레이시아, 태국 순입니다. 토양재배보다는 수경재배가 생산 경쟁력을 가지면서 급격하게 수경재배로 전환되고 있습니다. 그중에서 딸기는 20년 동안 가격이 비교적 안정되어 농업인 작목전환과 더불어 귀농 · 귀촌하는 분들이 자금 회전이 좋은 딸기 재배를 선호하고 있어 수경재배 면적이 지속해서 증가하는 추세에 있습니다. 이런 상황에서 상토로 이용되는 코코피트 수입 물량 또한 면적대비 늘어나는 추세에 있으며, 이런 상황에서 우리가 보유하고 있는 산림자원을 적절하게 활용해야 할 필요성이 있다고 봅니다.

우리나라 산림에 차지하는 소나무는 35% 정도로, 이 소나무 톱밥을 활용하여 사천시미생물발효재단과 지사천바이오가 공동으로 발효 톱밥 상토를 개발하였습니다. 발효 톱밥 상토의 특징은 100% 국내산 소나무 원료를 사용하였을 뿐 아니라, 통기성과 물 빠짐이 좋은 소나무 원목을 사용하였기 때문에 상토 오염이 적다는 점입니다. 물리성 및 화학성의 변화가 적고, 뿌리 엉킴 형성이 뛰어나고, 상토에 유용 미생물이 함유되어 있어 작물 생육에 도움을 줍니다. 외국에서 전량 수입하는 코코피트, 피트모스를 대신할 수 있어 시설채소를 하는 농업인들에게 많은 호평을 받을 것으로 기대됩니다.

Recipe 1

발효 톱밥 상토 활용

① 원목인 소나무를 확보합니다.

② 파쇄기를 활용하여 원목을 파쇄하여 선별합니다.

③ 톱밥 입자 원료는 4~6㎜ 크기를 사용합니다.

④ G4000 농축산 종균, 미강, 당밀 등 부재료를 혼합한 후 미생물 발효액으로 수분을 맞추어 발효시킵니다.

⑤ 발효 톱밥은 개시 후 15~20일이면 발효가 됩니다.

⑥ 발효 톱밥은 수경재배의 배지, 농작물의 상토, 축산의 깔개용으로 사용합니다.

축산환경 개선이
진정한 복지의 초석이다

온실가스를 일으키는 주범이 축산업이라는 사실을 알고 있나요? 지구온난화는 온실가스 배출이 늘어나기 때문에 발생합니다. 온실가스의 대표적인 물질 가스로는 이산화탄소, 메탄, 아산화질소, 블랙 카본이 있습니다. 이산화탄소는 석유나 석탄과 같은 화석연료를 태울 때 발생하는 반면, 메탄은 소나 돼지, 양과 같은 가축의 방귀, 트림 그리고 배설물에서 발생하는데 환경오염 속도가 이산화탄소보다 56배나 빠릅니다. 아산화질소는 농경지에 뿌리는 비료에서 발생되는데, 그 수치는 이산화탄소의 298배나 오염도가 큽니다. 블랙 카본은 숲을 태울 때 나오는 검은 그을음으로 이산화탄소의 무려 2,530배나 높은 오염물질입니다.

인간이 육식으로 일상에서 얻는 에너지는 18%입니다. 하루 에너지를 100%로 보았을 때, 18%는 적은 수치입니다. 나머지 82%는 채식에서 얻는다고 합니다. 그런데도 사람들의 육식 수요는 갈수록 늘어나고 있습니다. 그래서 전 세계 경작지의 80%가 축산업에 사용되고 있으며 가축을 키울 공간을 확보하기 위해 숲을 태우면서 블랙 카본이 발생합니다. 그렇게 태운 경작지에 가축을 먹일 농작물을 재배하기 위해 비료를 사용하여 아산화질소를 발생시킵니다. 소 · 돼지 · 양과 같은 가축이 발생시키는 메탄까지 생각하면, 축산업이 곧 온실가스를 점점 더 늘리는 셈입니다.

여기에 또 문제가 있습니다. 세계 지하수의 70%는 농작물 재배에 사용되고, 20%는 공장에서, 나머지 10%는 가정에서 사용합니다. 소고기 1kg을 생산하려면 16,000ℓ의 물이 필요한데, 최근 보고에 의하면 전 세계 지하수와 강들이 점점 더 말라 가고 있다고 합니다. 또한 전 세계에서 생산되는 곡물의 37%가 가축의 먹이로 사용되고 있는데, 37%의 곡물은 20억 인구가 배부르게 먹고도 남는 양이라 합니다.

위의 몇 가지 점을 살펴보더라도 축산업은 인류 생존과 깊이 관계하고 있음을 알 수 있습니다. 이제 축산환경 개선을 통해 동물의 복지뿐 아니라 인류 복지에 기여할 수 있는 방법을 고민해야 할 때입니다.

축신 미생물 사용이 해결책이다

축산, 국민의 시각에서 바라보다

우리가 문화생활을 즐기는 가운데 식문화에서 축산은 단백질 공급원으로서 중요한 부분을 차지하고 있습니다. 그러나 집단 사육과 축산 규모가 커짐에 따라 환경문제가 발생되고 있습니다. 환경문제에 있어 가장 심각한 것이 악취 문제입니다. 축산 악취 민원은 지속해서 증가하여 2014년에는 2,838건이었던 것이 2019년에는 무려 4배가 증가한 12,631건으로 해마다 증가 추세에 있으며 이로 인한 축산농가와 인근 주민과의 갈등이 심화되고 있습니다.

또한 가축 분뇨 발생량도 꾸준히 증가하여 2020년 11월 농림식품부 통계에 의하면 연간 5,400만 톤이나 됩니다. 문제는 환경부에서 2021년 3월 25일부로 퇴비 부숙도 검사 의무화 제도가 시행되어 부숙이 되지 않는 가축 분뇨는 반출되지 않아 축산 농가마다 가축 분뇨 반출이

최대의 이슈가 되고 있습니다. 이런 상황에서 2021년 11일 1일 우리나라 대통령이 파리기후협약 COP26 기조연설에서 축산에서 발생하는 메탄가스를 2030년까지 250만 톤 감축하는 방안을 제시하여 축산 농가가 매우 긴장하고 있습니다. 이런 상황에서 축산 3대 해결 과제인 축산 악취 해소, 분뇨 부숙도 향상, 메탄가스 감축이 축산 산업에 가장 시급한 해결 과제로 드러나고 있습니다.

축산 미생물이 해결책이다

축산 악취 해소, 분뇨 부숙도 향상, 메탄가스 감축을 해결하기 위해서는 미생물을 활용한 축산으로 전환하지 않으면 안 됩니다. 해결 방안은 미생물을 먹이고, 뿌리고, 깔아서 축산 악취를 해소하고 가축분뇨를 최단 시간 반출이 가능해지도록 부숙도를 향상시키는 것입니다. 가축 분뇨에서 발생하는 메탄, 암모니아 등을 저감하는 기술이 미생물을 가축에게 급여하는 것이며, 축산 분뇨를 완전 부숙시켜 분변을 고급화하여 화학비료를 줄이고 토양생태환경을 조성하여 땅을 살리는 것이 상생의 농업입니다.

축산 악취
G4000 발효
톱밥으로 해결하다

산림 기본통계에 따르면, 2020년 말 기준 산림 면적은 전체 국토면적의 62.6%인 629만ha를 차지하고 있으며, 1974년 말 기준 664만ha 대비 약 35만ha가 감소하였습니다. 숲속 나무의 밀집도를 나타내는 단위면적당 임목 본수는 1ha당(100m×100m) 1,129본(11년생 이상)으로 점차 감소하는 추세이며 우리나라 숲의 나무 수는 약 72억 그루로 추정됩니다.

산림의 울창한 크기를 나타내는 단위 면적당 임목 축적을 수종별로 분석한 결과, 일본잎갈나무(낙엽송)가 216㎥/ha로 가장 많고 우리나라에 가장 넓게 분포하는 소나무가 그 뒤를 이어 200㎥/ha를 차지하고, 대표적인 활엽수종인 신갈나무를 비롯한 참나무류는 134~179㎥/ha의 순위로 식생하는 것으로 조사되었습니다. 우리나라 산림에

낙엽송 · 소나무 · 참나무류가 대부분을 차지하고 있는데, 이런 산림 수종을 산업용 목재로 활용하는 비율이 극히 낮아 외국에서 수입해 오고 있는 실정입니다.

축산 바닥 깔개용(수분조절제) 수입해서 쓰다

우리나라 축산의 바닥 깔개용으로 톱밥과 대팻밥의 수입량은 톱밥의 경우 2021년 기준 28,600t이며, 주요 국가는 베트남이 24,000t으로 가장 많고, 인도네시아, 말레이시아, 태국 순입니다. 대팻밥의 경우 연간 수입량은 38,000t이며 주요 국가는 베트남 37,600t, 인도네시아 순으로 나타났습니다. 우리가 보유한 산림면적이 국토의 63% 차지하면서도 깔개용으로 톱밥과 대팻밥이 수입되고 있다는 것은 우리가 산림자원을 적절하게 활용하지 못하고 있다는 증거입니다. 따라서 우리나라의 산림자원이 단순하게 발전소 원료로 이용되는 것은 바람직하지 못하다고 생각합니다.

국내산 발효 톱밥 개발로 축산 악취를 줄이다

우리나라 소나무 분포는 35%를 차지하고 있는데, 소나무를 이용하여 산업적으로 활용하는 사례는 많지 않습니다. 그리하여 친환경미생물발효연구재단에서 소나무 톱밥을 발효로 이끌어 축산 악취 해소에 크게 도움이 되는 기술을 개발하고 있습니다.

① G4000 농축산 종균, 미강, 당밀 등 부재료를 혼합한 후 미생물 발효액으로 수분을 맞추어 15~20일 발효시킨 발효 톱밥을 사용합니다.

② 축사 내 기존 축분 100㎜를 고루 깔고 나머지는 반출합니다.

③ 한우 축사 5m×10m(50㎡/15평) 기준으로 하여 발효 톱밥 3㎥/850㎏ 넣습니다.

④ 발효 톱밥의 두께는 100㎜ 정도 됩니다.

⑤ 기존 축분과 발효 톱밥이 섞이게 로터리 작업을 합니다.

⑥ 축사의 발효 톱밥은 주 1회 로터리 작업을 해야 합니다.

⑦ 겨울철일 경우, 2일 1회 로터리 작업을 해야 합니다.

⑧ 축사 바닥은 슬림 현상이 생겨나지 않도록 편편하게 관리합니다.

⑨ 축산 악취 저감을 해소할 수 있습니다.

⑩ 축산 분변 부숙도 향상되어 3개월이면 반출이 가능합니다.

⑪ 분변 높이가 유지되어 1년 정도 반출을 하지 않아도 됩니다.

⑫ 발효 톱밥은 4월~11월까지가 가장 효과적입니다.

⑬ 겨울철에는 미생물 활동이 저조하여 효과가 미흡할 수 있습니다.

EPILOGUE

어느 책에서 LT(Life Technology) 산업을 생명 산업이라고 하였는데, LT 산업은 사람의 두뇌와 손을 사용하는 산업으로 미생물 · 식물 · 동물 · 곤충 · 종자 · 유전자 · 기능성 식품 · 환경 · 물 등 생명과 관련된 산업을 총칭합니다. 우리가 알고 있는 BT(Bio Technology) 산업보다 더 넓은 범위를 포함하고 있습니다. LT 산업은 식량 · 의약품 · 에너지 · 환경 · 기술산업을 아우르며 무한한 일자리 창출과 미개척 분야 진출과 더불어 높은 부가가치를 끌어내는 기회의 산업이라 할 수 있습니다. 특히 LT 산업 중에서도 바이오산업을 주도하는 미생물은 세계 각국에서 가장 관심 있는 전략산업으로 중점 육성하고 있습니다. 미국의 발명가이자 사업가인 빌 게이츠는 미래산업을 주도할 3가지 유망사업으로 미생물, 치매치료제, 면역항암제를 꼽은 바 있습니다.

최근 전 세계적인 K-푸드의 열풍에 힘입어 김치의 수출이 호조를 보이나 김치는 우리 전통식품인데도 불구하고 일본, 심지어 중국까지 김치의 종주국이라고 주장하고 있습니다. 이런 기사를 읽으면 울화가 치밉니다. 냉정히 생각해 보면, 우리는 전통식품의 가치를 등한시했습니다. 특히 발효식품의 품질 표준화 · 규격화를 이루지 못한 상황에서 패스트푸드에 현혹되어 외세에 영향을 받을 수 있는 빌미를 제공한 것입니다. 발효식품에 관하여 연구하고 산업화하는 데 있어 전통식품으로서의 가치만 추구하였지, 우리의 전통식품은 급변하는 시장경제에서 발효식품에 대한 근본적인 문제에 접근하지 못하고 편의식 · 패스트푸드에 점령당하고 있습니다.

우리의 발효식품은 역사와 전통 다양성 측면에서 자타가 공인하는 세계 최고입니다. 그러나 많은 발효식품 중에서 산업화로 국민에게 친숙한 식품은 김치 말고는 찾아보기 어렵습니다. 일본은 낫토와 기꼬만 간장을 가지고 세계 시장에서 발효식품 분야를 석권하고 있습니다. 그러나 우리는 어떠한가요? 자연에 의존한 전통방식만을 추구하면서 시대 변화에 적응하지 못하고 종균을 활용하여 발효를 이끄는 방법 자체를 터부시하는 것이 현실입니다.

우리는 절기에 맞춰 음력 1월부터 3월까지 장을 담그는데, 제주부터 강원도까지 집마다 장맛이 모두 다릅니다. 대한민국의 식품에서 가장 자긍심을 갖는 것이 간장 · 된장이지만, 직접 담그는 가정이 해마다 급격히 줄고 있습니다. 매우 가슴 아픈 일입니다. 간장 · 된장은 우리 대한민국 전통식품을 대표하는 최고의 가치를 가진 한민족의 얼이며, 우리 민족의 정체성이 담겨 있습니다. 모든 식품의 근원은 간장 · 된장에서 시작되어야 합니다. 간장 · 된장이 바로 서면 대한민국이 바로 섭니다. 그 이유는 모든 식재료의 뿌리이기 때문입니다.

우리는 선조들에게 발효라는 엄청난 유산을 물려받았으나, 고유한 전통문화인 발효기술을 지키지 못하고 있습니다. 이 시대를 살면서 현실을 매의 눈으로 바라보고 무엇이 잘못되었는지 냉철하게 판단하여 발효를 산업 전반으로 이끌어야 합니다. 자연에 의존하는 발효식품은 품질 경쟁력에서 절대 우위를 점할 수 없을 뿐만 아니라 세계 시장에서 경쟁할 수 없습니다. 그러나 우리가 가지고 있는 모든 것들이 무한한 경쟁력을 가질 수 있는 자원이 됩니다.

따라서 우리 선조들이 물려준 좋은 미생물 종균을 활용하여 발효식품의 표준화 · 규격화를 이루어 세계인들이 우리 발효식품을 이용하게 하는 것이 전통식품을 계승 · 발전시키는 것이고, 우리 문화를 지키는 것입니다. 이 책에는 우리의 전통식품을 레시피와 메뉴얼만 보아도 쉽고 편리하게 발효 결과물에 대한 재현이 가능하도록 정보를 수록하였습니다.

한 권의 책을 펴내는 일이 쉬운 일은 아닙니다. 이 책에 관심을 가져주신 책과나무의 양옥매 대표님, 유명숙, 박미정 작가님에게 감사드리며, 미생물발효재단 전문강사 이경진 원장님, 농업 분야에 소중한 자료를 제공해 주신 주식회사 지엘바이오 임정식 대표님, 케이시에프엔시 유방열 회장님, 심정희 이사님, 지사천바이오 김인섭 대표님과 식품 레시피를 제공한 한국미생물발효연구소 안미숙, 김경이 실장님에게 감사드립니다. 또한 목차부터 본문에 이르기까지 세심한 관심을 가져 주신 사천시친환경미생물발효연구재단 천인석 대표님, 김영주 사무국장님, 조광훈 대리, 정지원 주임, 김현수 주임과 손과 발이 되어 준 이다영 주임과 권슬기 팀장에게 감사드립니다.

2022년

(재)사천시친환경미생물발효연구재단 팀장 장상권 드림

부록

불꽃,
현장에서 피어나다

/

사천시친환경미생물발효연구재단의 교육 장면과 수강생 후기

장 담그기 과정

미생물발효관리사 과정

김치 과정

발효차 과정

발효 커피 과정

도시농업 과정

어렵게만 느껴진 고추장 담그기가 라면 끓이는 것만큼 쉬운 줄이야. 이제 고추장 쉽고 맛있게 담가 이웃들에게도 나눠 주고 소개해 주고 싶어요. 감사합니다.

– 발효식품 과정 교육 수강생 교육 만족도 조사(**2022. 04. 28.**)

이렇게 쉽게 고추장을 만들 수 있다니 놀라울 따름입니다. 몸에 좋은 유익균을 사용하여 우리 건강에도 좋고, 쉽게 배우고 만들 수 있다고 지인들에게 많이 홍보하겠습니다.

– 발효식품 과정 교육 수강생 교육 만족도 조사(**2022. 04. 28.**)

좋은 강좌를 개설하여 참여하게 되어서 정말 좋습니다. 예산이 많이 필요하겠지만 이런 강좌가 많았으면 좋겠습니다. 발효재단 여러분께 진심으로 감사드립니다.

– 발효식품 과정 교육 수강생 교육 만족도 조사(**2022. 04. 28.**)

미생물 발효 교육을 통하여 많은 도움을 받았습니다. 평소 몰랐던 발효식품에 대해서 새로운 것을 배웠습니다. 선생님들 정말 고맙고, 수고하셨습니다.

– 미생물발효관리사 과정 교육 만족도 조사(**2022. 06. 07.**)

실습으로 쉽게 실생활에 접목할 수 있게 알려 주셔서 감사합니다. (고추장, 발효당, EM 세제 등) 그리고 유산균(G4000)의 유익한 점을 더 많이 알 수 있는 기회를 가져 좋았습니다.

– 미생물발효관리사 과정 교육 만족도 조사(**2022. 06. 07.**)

바른 먹거리, 생활환경, 토양 등 환경을 살리는 일에 일조해 주시고 또한 우리 수강생에게도 너무 유익한 교육이 되었습니다. 생활에 많이 활용하도록 하겠습니다. 감사합니다.

– 미생물발효관리사 과정 교육 만족도 조사(**2022. 06. 07.**)

발효에 대한 좋은 강의를 듣고 너무도 쉽게 간장과 된장, 고추장을 담갔습니다. 앞으로는 간장과 된장, 고추장을 직접 담갔 먹을 것입니다. 건빵메주를 만드시고 발효를 연구하신 노고에 감사드립니다.

– 미생물발효관리사 과정 교육 만족도 조사(**2022. 06. 07.**)

재미있게 강의해 주시고 커피에 대한 지식도 얻을 수 있어 좋았습니다. 커피 실습은 더욱더 재미있네요. 최고!

– 발효 커피 과정 교육 만족도 조사(**2022. 04. 21.**)

강사님, 열정적으로 강의를 잘하시네요. 너무 알찬 수업이었습니다.

– 발효 커피 과정 교육 만족도 조사(**2022. 04. 21.**)

농사짓는 입장에서 매우 유익한 강의였습니다. 친환경 농사에 대해서도 관심이 많았고 손주가 아토피가 심해 고민이 많았는데 많은 정보를 얻었습니다. 앞으로도 이런 교육이 있으면 꼭 참석하겠습니다.

– 친환경 농업 과정 교육 만족도 조사(**2022. 05. 12.**)

좋은 강좌를 개설해 주신 발효재단에 마음 다해 감사드립니다. 실습까지 하게 되어 더 도움이 되었습니다. 좋은 환경을 만들어 후손에게 물려줄 수 있도록 노력하겠습니다. 정말 보람된 강의를 해 주신 팀장님, 수고하셨습니다.

– 친환경 농업 과정 교육 만족도 조사(2022. 05. 12.)

G4000 생활 및 농축산 발효액 용도별 희석 비율표

사용 상소	활용 방법	희석비율 (배액 %)	사용법 및 효과
주방	설거지	10	G4000 발효액에 1~2시간 담갔다가 설거지
	음식 조리 후 냄새 제거	100~500	스프레이 분무
	싱크대 배수구	10~100	G4000 발효액을 흘려보냄
	주방용 세제	10~20	세제에 섞어서 사용
	주방 찌든 때	100	스프레이 분무
	도마, 행주	1~10	G4000 발효액 침지, 스프레이 분무
청소	침구, 카펫, 옷장 안	100~500	스프레이 분무
	청소, 걸레	100	스프레이 분무
	에어컨, 침대, 신발장, 구두	100~500	스프레이 분무
	쓰레기통	300	스프레이 분무
	화장실	100	G4000 발효액을 흘려보냄
	냉장고, 가스레인지	10~100	스프레이 분무 후 닦아 내기
세탁	세탁할 때	500	세제 넣기 전 2~3시간 전 사용
	헹굼 시	500	G4000 발효액 침지
	이불 말릴 때	500	스프레이 뿌려 정전기 예방
건강	목욕할 때	500	알레르기, 아토피에 효과적
	머리 감을 때	25~50%	샴푸의 25~50%
	무좀, 습진	원액~1:1	원액을 바르면 효과적
	아토피성 피부	원액	피부에 원액 바르기

기타	화초에 물 줄 때	500	화분에 뿌리거나 엽면시비
	공기 청청	500	가습기에 넣어 분무
	해충 퇴치	100	스프레이 분무
	애완동물 관리	100	목욕, 질병 예방, 악취 제거
	수족관 관리	10,000	수질 정화, 질병 예방
	과일 씻을 때	10~50	농약 세척에 탁월
	변기, 하수구	500	1주일에 1회 흘려보냄
	새집증후군	1,000	스프레이 분무
	구강	100	양치질할 때 치약 묻혀 사용
	텃밭	250~500	10일에 1회 사용
	음식쓰레기	100	악취 제거
	자동차, 녹슬기 쉬운 기계	100	녹이 슬지 않고, 정전기 방지

각종 과일추출액 희석액 계산 방법

설탕으로 추출

- 추출 비율 : 설탕 1, 매실 1(1:1 비율)
- 추출 기간 : 30~100일 정도
- 설탕의 양에 따라 추출 기간은 짧아지거나 늘어날 수 있음. 설탕을 적게 넣으면 추출 기간이 짧아지고 많으면 길어진다.

당도란?

- 100g에 함유된 설탕의 양
- 설탕 100g = 당도 100Brix
- 100g 함유된 설탕 양 : 백설탕 99.9Brix, 황설탕 96.5Brix

추출액으로 희석액 만들기

- 예시 : 2ℓ 용기에 매실 추출액을 활용하여 매실희석액 농도를 10%로 만들려고 한다. 매실추출액의 양과 물의 양은? (단, 매실 추출액 농도는 55Brix)
- 계산 방법 : 2,000㎖×0.1×1.45=290㎖

  2ℓ 용기(2,000㎖), 10%(0.1), 1.45(1은 백분율, 0.45는 물량)

  매실추출액 290㎖, 물 1,710㎖

희석배수 계산표(mℓ=g=cc)

배수 / 물량	50배	100배	200배	300배	500배	1,000배	1,500배	2,000배
1	20mℓ	10mℓ	5mℓ	3.3mℓ	2mℓ	1mℓ		
5	100mℓ	50mℓ	25mℓ		10mℓ	5mℓ		
10	200mℓ	100mℓ	50mℓ	33.3mℓ	20mℓ	10mℓ	6.7mℓ	5mℓ
20	400mℓ	200mℓ	100mℓ	66.6mℓ	40mℓ	20mℓ	13.3mℓ	10mℓ
50	1	500mℓ	250mℓ		100mℓ	50mℓ	33.3mℓ	25mℓ
100	2	1	500mℓ	333mℓ	200mℓ	100mℓ	66.5mℓ	50mℓ
150	3	1.5	750mℓ		300mℓ	150mℓ	100mℓ	75mℓ
200	4	2	1	666mℓ	400mℓ	200mℓ	133mℓ	100mℓ
250	5	2.5	1.25		500mℓ	250mℓ	166mℓ	125mℓ
300	6	3	1.5	1	600mℓ	300mℓ	200mℓ	150mℓ
350	7	3.5			700mℓ	350mℓ	233mℓ	175mℓ
400	8	4	2		800mℓ	400mℓ	266mℓ	200mℓ
500	10	5	2.5	1.66	1	500mℓ	333mℓ	250mℓ
600	12	6	3	2	1.2	600mℓ		300mℓ
1,000	20	10	5	3.33	2	1	665mℓ	500mℓ